U0298393

第二十三辑

找寻遗失在西方的中国史

五/六 脊/兽

[德] 爱德华·福克斯 著

赵省伟 主编

周海霞 译

北京日报出版社

图书在版编目（CIP）数据

西洋镜：五脊六兽 / （德）爱德华·福克斯著；赵
省伟主编；周海霞译 . -- 北京：北京日报出版社，
2021.9（2023.6 重印）
　　ISBN 978-7-5477-4001-9

　　Ⅰ.①西… Ⅱ.①爱… ②赵… ③周… Ⅲ.①古建筑
－屋顶－建筑艺术－研究－中国 Ⅳ.① TU-092.2

　　中国版本图书馆 CIP 数据核字 (2021) 第 128735 号

出版发行：北京日报出版社
地　　　址：北京市东城区东单三条 8-16 号东方广场东配楼四层
邮　　　编：100005
电　　　话：发行部：(010) 65255876
　　　　　　总编室：(010) 65252135
责任编辑：卢丹丹
印　　　刷：固安兰星球彩色印刷有限公司
经　　　销：各地新华书店
版　　　次：2021 年 9 月第 1 版
　　　　　　2023 年 6 月第 4 次印刷
开　　　本：787 毫米 ×1092 毫米　1/16
印　　　张：14
字　　　数：150 千字
印　　　数：6001—9000 册
定　　　价：128.00 元

版权所有，侵权必究
未经许可，不得转载

「 出 版 说 明 」

　　屋顶脊饰是中国传统建筑重要的组成部分,具有丰富的文化艺术内涵。然而在文化和艺术研究领域中,长期以来它却备受学者冷遇,几乎没有专著出版。1924 年,德国人爱德华·福克斯的《屋顶脊饰及中国琉璃的变迁》一书出版。这是国内外专门研究屋顶脊饰的第一部专著,从建筑、文化、宗教、艺术等多个角度,全面系统地介绍了中国屋顶脊饰。此外,书中还收录了海外私人藏家收藏的珍贵图片 60 余幅,极具艺术和历史价值。

　　一、全书由导言、《屋顶脊饰及中国琉璃的变迁》和附录三部分组成,共收录 7 万余字、170 余幅图片。

　　二、为了方便读者阅读,编者对图片进行了统一编排,调整了原书部分图片的顺序,并且重新编号。为了以示区分,导言部分的设计图及新拍摄的照片没有编号。

　　三、由于年代已久,部分图片褪色,颜色深浅不一。为了更好地呈现图片内容,保证印刷整齐精美,我们对图片色调做了统一处理。

　　四、由于能力有限,书中个别人名、地名无法查出,皆采用音译并注明原文。

　　五、由于原作者所处立场、思考方式以及观察角度与我们不同,书中很多观点跟我们的认识有一定出入,为保留原文风貌,均未作删改。但这不代表我们赞同其观点,相信读者能够自行鉴别。

　　六、由于时间仓促,统筹出版过程中不免出现疏漏、错讹,恳请广大读者批评指正。

　　七、书名“西洋镜”由杨葵老师题写。感谢江西师范大学美术馆提供封面创意。

　　八、附录节选自《西洋镜:中国建筑陶艺》以及即将出版的《东洋镜:中国建筑装饰》等著作。在此,对吕慧云、蔡忠义两位老师的翻译支持致以诚挚的谢意。

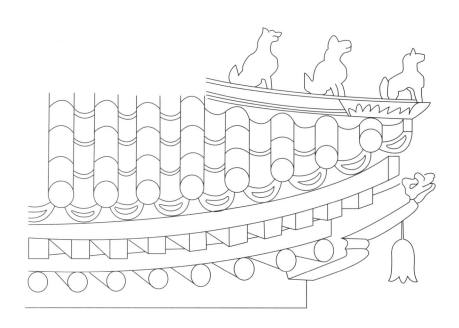

屋顶上的中国名片

吻

正脊

小跑　　垂兽

套兽

垂脊

皇极殿，重檐庑殿顶建筑。段旭摄影

五脊六兽是建筑用语

北京有句俗语叫"五脊六兽",它的适用面非常广,可用于形容心烦意乱、忐忑不安、无可奈何、狂喜炫耀等。老舍先生的《四世同堂》中就有"这些矛盾在他心中乱碰,使他一天到晚的五脊六兽的不大好过"。这里指的是心烦意乱的意思。而在山东一些地区,"五脊六兽"也用来表达一种无所谓的闲适,类似于当下的躺平。其实,"五脊六兽"最初是建筑用语。

中国古代建筑,尤其是明清建筑,屋顶规格最高的是庑殿顶①。庑殿顶有一条正脊②和四条垂脊③,即"五脊",每条脊的两端各有一只兽,统称"五脊六兽"。也有人认为,"六兽"指正脊端头的吻兽、鸱吻背面的背兽、戗脊④端头的戗兽(也叫垂兽)、垂脊上的一排蹲兽(也叫跑兽、小跑)、仔角梁⑤端头的套兽、围脊⑥上的合角兽。

屋顶最引人注目的便是戗脊前的一排小跑。为了彰显至高无上的地位,故宫太和殿有着绝无仅有的十只小跑。根据《钦定大清会典则例》记载,太和殿屋脊上的骑凤仙人(也叫仙人骑鸡)后面跟着"龙、凤、狮子、天马、海马、狻猊、狎鱼、獬豸、斗牛、行什"等异兽。民间也有顺口溜描述这些小跑:"一龙二凤三狮子,海马天马六狎鱼,狻猊獬豸九斗牛,最后行什像个猴。"

---

① 庑殿顶,即庑殿式屋顶,中国古代建筑中最高等级的屋顶样式,由一条正脊和四条垂脊组成,因此又称五脊殿。——编者注
② 正脊,又叫大脊、平脊,位于屋顶前后两坡相交处,是屋顶最高处的水平屋脊,正脊两端有吻兽或望兽,中间可以有宝瓶等装饰物。——编者注
③ 垂脊,庑殿顶正脊两端至屋檐四角的屋脊。——编者注
④ 戗脊,又称岔脊,中国古代歇山顶建筑自垂脊下端至屋檐部分的屋脊,和垂脊成45度,对垂脊起支戗作用。——编者注
⑤ 仔角梁,也称小角梁、子角梁,中国古代建筑中平行放置在老角梁上的木作构件。——编者注
⑥ 围脊,中国古代重檐式建筑的下层檐和屋顶相交的脊,由于围绕着屋顶,故名围脊。——编者注

骑凤仙人是"瓦钉帽"

位于小跑前面的骑凤仙人其实是用来盖住瓦钉的"瓦钉帽",防止瓦钉生锈。一般认为骑凤仙人出现于明朝朱棣(1402—1424 年在位)时期。宋代建筑的檐角处会装饰嫔伽——佛教传说中的神鸟、人面鸟身,因为歌声特别优美,又称妙音鸟。到了明代,随着皇帝推崇道教,人面鸟身的嫔伽逐渐变成了骑着凤鸟的道家仙人。关于"骑凤仙人"有两个截然不同的传说:

一、仙人是春秋时的齐国国君。国君战败逃跑时被大河挡住了去路,忽然天上飞来一只大鸟救走了他,从而"逢凶化吉"。

二、仙人指姜子牙的小舅子。小舅子想利用姜子牙的关系向上爬,姜子牙深知他的能力有限,便说道:"别再往上爬了,你的官已升到顶了,不然会摔得很惨。"所以建筑师把仙人放在了檐角的最前端,如果再往前爬一步就会摔得粉身碎骨。

骑凤仙人

垂兽

行什　　斗牛　　獬豸　　狻猊　　狎鱼

天马　　　　海马　　　　狮子　　　　凤　　　　龙　　　　骑凤仙人

套兽

太和殿的十只小跑

十只小跑的画像

仙人后面第一位是龙。龙可以携水镇火，是中华民族的象征、天子的化身，代表至高无上的尊贵。

五脊六兽

CHINESISCHE DACHREITER

龙
LONG

第二位是凤。雄为凤，雌为凰，比喻尊贵、有圣德之人，是祥瑞的象征，也代表皇后。

五脊六獸

CHINESISCHE DACHREITER

鳳

FENG

第三位是狮子。狮子是百兽之王，狮子作吼，群兽慑服，寓意勇猛威严。石狮子可以守护家宅的安宁。

五脊六兽

CHINESISCHE
DACHREITER

狮

SHI

第四位是天马。天马与海马均为古代吉祥的化身，天马还是尊贵的象征。汉代时称西域的良马为天马，"天马行空，独来独往"，寓意日行千里，追风逐日，开拓疆土。

五脊六兽

CHINESISCHE DACHREITER

天馬

TIAN MA

第五位是海马。海马也叫落龙子，象征忠勇吉祥。无论入海入渊，均可逢凶化吉。明清时期九品武官官服补子的图案为海马。

五脊六兽

CHINESISCHE
DACHREITER

海馬

HAI MA

第六位是狎鱼。龙头鱼身，也被称为鳌鱼。狎鱼与下雨谐音，寓意兴风作雨，灭火防灾。

五脊六獸

CHINESISCHE DACHREITER

狎鱼

XIA YU

第七位是狻猊。狻猊形状与狮子类似，喜欢静，好坐及烟火。有人说狻猊是与狮子同类的猛兽，也有人认为它是龙的九子之一。据说可以食虎豹，降服百兽，护佑平安。

五脊六獸

CHINESISCHE DACHREITER

狻猊

SUAN NI

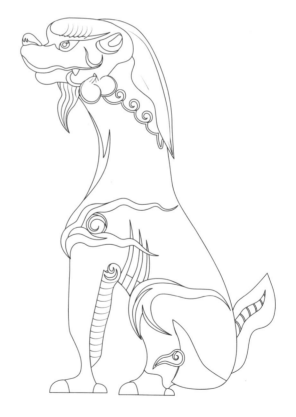

第八位是獬豸。獬豸与狮子类似，是司法公正的象征。据《异物志》记载："东北荒中有兽，名獬豸，一角，性忠，见人斗则触不直者，闻人论则咋不正者。"明代的风宪官、清代的御史官服补子的图案均为獬豸。

五脊六獸

CHINESISCHE
DACHREITER

獬豸

XIE ZHI

第九位是斗牛。据说是一种虬龙。牛角龙身,四指为龙爪,可以镇邪、护宅,常出现在明代三品官员的赐服(斗牛服)上。

五脊六兽

CHINESISCHE DACHREITER

鬥牛

DOU NIU

第十位是行什。人身猴脸，很像雷公或雷震子，传说有防雷和消灾免祸的功能。据《太和殿纪事》记载，康熙三十四年（1695 年）重建太和殿时，由于不再烧造头样瓦，使用的是二样筒瓦（明代的琉璃瓦件共分为十样，头样瓦最大，十样瓦最小）。这样如果还安装九只走兽，就会造成后面位置出现空缺，于是加上了一只行什。希望它可以保佑紫禁城免于雷火，因为仅明代紫禁城就曾遭受 14 次以上的雷击火灾。

五脊六兽

CHINESISCHE
DACHREITER

行什

HANG SHI

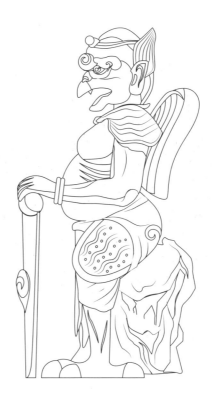

　　明清两代有明确规定,除去太和殿的"十全十美"外,其他建筑上的小跑都必须用奇数,数目根据建筑的等级增减,而且最多为九个。这一规定执行的模范自然是故宫了。保和殿、皇极殿为九个,太和门、斋宫、中和殿为七个,东西六宫、昭德门及景运门北侧宫墙处为五个。

皇极殿右侧。段旭摄影

保和殿西侧的两层脊兽，值得注意的是上层最后的小跑个头偏小。段旭摄影

太和门东侧的两层脊兽。段旭摄影

中和殿东侧的脊兽。段旭摄影

斋宫。段旭摄影

斋宫东侧顶。段旭摄影

约景运门北侧宫墙处（位于现在商店的东侧）。段旭摄影

昭德门东侧顶。段旭摄影

太庙、孔庙显然属于级别比较高的建筑，其主体建筑均使用了九个小跑。历代帝王庙始建于明朝嘉靖九年（1530年），是明清两代皇帝祭祀先祖的地方，与太庙和孔庙合称明清北京三大皇家庙宇。但其政治地位显然要比太庙和孔庙略低，因此主体建筑的小跑为七只。这一等级的还有北海公园（明清的帝苑）、鼓楼、普度寺（清朝初年摄政王多尔衮在北京的住所）。

太庙戟殿西侧顶。侯旭摄影

孔庙大成殿东侧顶。段旭摄影

历代帝王庙景德崇圣殿东侧顶。段旭摄影

北海公园大慈真如宝殿西侧顶。段旭摄影

鼓楼西侧。段旭摄影

普度寺正殿西侧。段旭摄影

随着建筑级别的降低，有的只有一只，甚至没有小跑，只剩下一个骑凤仙人。

颐和园佛香阁围墙的某门。段旭摄影

先农坛（现北京古代建筑博物馆）的焚帛炉。段旭摄影

明清两代，骑凤仙人一般是官式建筑（通常指宫殿式建筑，包括帝王宫殿、官衙建筑等，还有一些佛寺和道观）的专利，不单民间建筑（各级官员、富商住宅，还有普通百姓）不得使用，级别低的官式建筑往往也不能用骑凤仙人。民间建筑使用的是"黑活"（不涂釉面的瓦件），领头的往往是狮子，后面为天马、海马。当然，领头的如果是天马、力士等也不用奇怪。

鼓楼南门中间门顶。段旭摄影

恭王府西配殿　不翥斋。段旭摄影

醇亲王府（现国家宗教事务局）大门山脊兽。段旭摄影

从北往南视角下，白塔寺第二个殿的顶部。段旭摄影

北京广化寺门外影壁东侧顶。段旭摄影

金山岭长城。武汉彭先生摄影

浙江新昌大佛寺。孙幼君摄影

河南嵩山少林寺的脊兽。王旭摄影

安徽亳州花戏楼"黑瓦"的骑凤仙人。王旭摄影

因为对于一个充满想象力的民族来说，如果各地屋顶都只是这十个模板，显然说不过去。猫、狗、鸽子，甚至鬼神等（更多精彩，详见后文）都被搬上了屋顶，尤其是岭南地区，屋顶之多姿多彩与北京地区形成鲜明的对比，无怪乎梁思成先生评价说，屋檐上的神兽"使本来极无趣笨拙的实际部分，成为整个建筑物美丽的冠冕"；本书作者爱德华·福克斯也发出了同样的感慨："在整个人类建筑史上，中国屋顶的脊饰是独一无二的，再没有第二个与之类似的建筑现象。"

编者

北京陶然亭风雨同舟亭顶部。段旭摄影

武汉大学。赵省伟摄影

亳州花戏楼的龙与力士。王旭摄影

亳州花戏楼左侧垂脊上有两只可爱的形似小狗的狮子。王旭摄影

山西解州关帝庙山门中间细节。王旭摄影

山西解州关帝庙。王旭摄影

山西解州关帝庙春秋楼。王旭摄影

山西侯马衡水镇乔氏碑楼。王旭摄影

山西陵川西溪二仙庙。王旭摄影

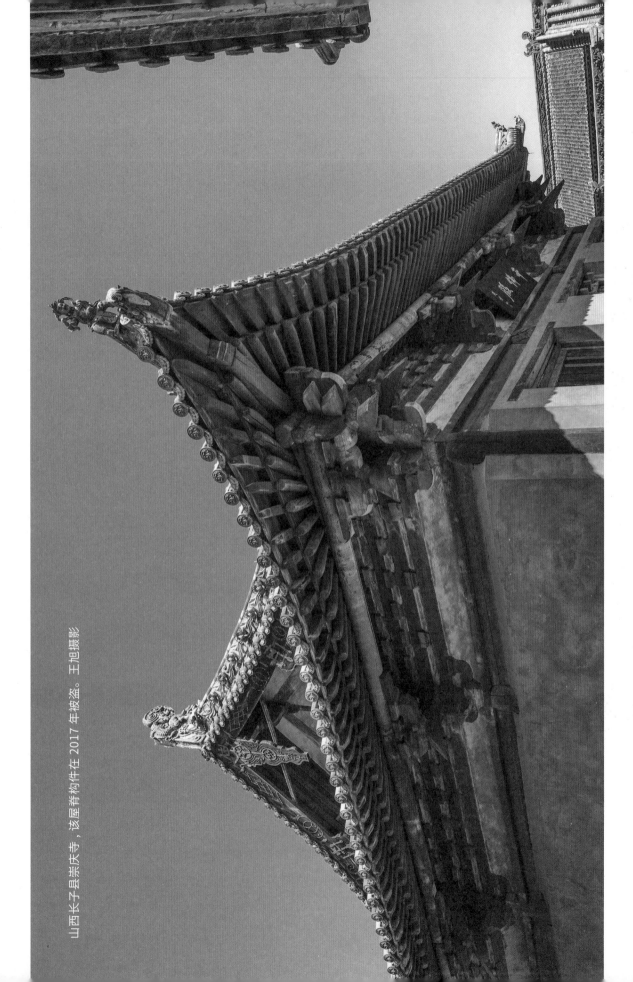

山西长子县崇庆寺，该屋脊构件在 2017 年被盗。王旭摄影

浙江温州五马街戏台。王旭摄影

山白鹿禅寺。王旭摄影

福建厦门的福寿宫。王旭摄影

「 目 录 」

「策 划 构 想」

　　我们这个时代对图像和那些可由视觉进行检验的文献资料充满了渴求。这种渴求不单是巨大的，也是非常迫切的，同时实现图像和文字的协调统一也是无比迫切的。在这里，我们不去深究产生这种迫切需求的原因，尽管这种需求还存在一定的局限性。不过从某种意义上讲，这种迫切需求本身就非常有意义，因为它正是我们这个时代精神追求高度提升的明证。图像不仅能够最大限度地满足我们的精神追求，释放人类宝贵的想象力，还可以验证事实，提供更全面的认知以及足量信息。一幅图片往往胜过千言万语。如果一个人想要稳妥、持续地获取时代的精神财富，他首先就要大规模地阅读图像类的文献资料。这一点适用于所有人文学科，尤其是以图像为主要媒介的文化和艺术领域。

　　本系列图书完全以此为导向，系统地将各种文化和艺术资料聚合到一起，并且最大限度地利用高度发达的现代复制工艺，以便不断丰富人文精神领域的思想财富。我们的首要目标是忠实地再现文献资料，保留资料原本的意义和特点，因此在本书中，文字是居于次要地位的，仅从总体上简要揭示相关文化、艺术文献资料产生及存在的时代背景和艺术语境。

　　不过，我们也不愿意以当下流行的方式策划出版该系列图书。如果只是满足于将各博物馆收藏的那些对公众开放的展品整理为一本或者多本著作，或者只是列举普通博物馆访客都已经知晓的展品，那么对著书者来说自然是非常便宜省力的。但是这样不仅不能实现我们的追求，实际效果往往也是不尽如人意的。比如，同一幅图片会出现在某一领域的所有文章和书籍中，而这幅图片不一定具有普遍适用性。更可怕的是，这种方式也会影响公共博物馆的收藏计划，导致博物馆的藏品非常单一。那么，博物馆就会将目光局限于收藏各领域的那些所谓的明星展品。当然，今天的博物馆之所以采用这样的方式收集藏品，是由其馆藏场地条件决定的。但是这种馆藏特点却无法避免一个局限性，那就是我们基于此所产生的关于过去文化的设想是不完整的、片面的，甚至是扭曲的。通过博物馆这个滤镜，我们眼中所看到的历史文化总是身着华丽的节日盛装，而很少能看到它衣衫褴褛的日常样子。同样，过去普通的日子远远多于节庆的日子。

鉴于以上原因，本系列图书将会采用全新的方式，尽可能少收录公共视角中的展品信息，多收集私人收藏的藏品信息，即它们大多是来自私人藏品世界的瑰宝。这也是我们一直以来坚持的做法。该系列图书的另一个要义是旨在展现那些一直以来在文化和艺术研究中受到冷遇的珍品。我们希望，这种扩展式盘点现存文化和艺术瑰宝的方式最终能够形成一系列具有重要意义的宝贵成果。

对于该系列图书，我们有如下愿景：第一，实现我们的主要目标，即从各个方向拓展和丰富现有的精神文化财富；第二，我们希望借此机会可以挽救一些濒于没落的重要文化资料，防止它们还没被世人认知就毁于意外；第三，我们希望读者明白，我们向大家展示的"商品"，并不是没有价值的，也不是没有趣味的，相反它们比那些完全来自官方收藏的展品更加有内涵。这一点既是我们希望的，也是我们坚信的，我们相信这一目标一定能够实现。同样我们也相信，在那些受到文化和艺术研究冷遇的物品中，一定有一些能够证明自身的重要价值——它们在任何时候都应在文化和艺术领域获得一席之地。

对于我们而言，这些成果越是重要，就越是不能满足于此。除了上述三个目标之外，我们还有一个非常重要的特别目标。基于该系列图书的策划方案以及相应的文字注释，我们也想为那些有特殊需求的收藏者提供一系列以实践为导向的、具有较强的实用性的使用手册。这些手册的作用主要是给收藏者们提供一些指示性知识，以及提供验证的可能性。而在博物馆根据其藏品所提供的手册里，收藏者所能得到的指示和验证的可能性非常有限。

这些就是我们的追求。

爱德华·福克斯

「 前 言 」

前面所说的中国屋顶脊饰①,即寺庙、宝塔、门拱、皇宫等建筑上的人形或兽形屋顶脊饰,以及中国寺庙陶瓷制品,在现今的文化和艺术研究中都属于屡受冷遇的领域。迄今为止,在相关领域内,甚至连一本独立的专著都没有,无论是德语文献还是其他语言的文献,都是如此。在我搜集到的相关资料中,只有区区几条不起眼的注释以及个别的文字表述曾提及它们。而它们极有可能就是关于上述主题的全部文献资料了。

明代屋顶脊饰所彰显的宏大气魄、磅礴大气的力量,以及引人注目的精神内涵,恰恰是当下西欧文化艺术创造领域所缺乏的。当下西欧的政治文化既缺乏气魄,也没有力量。虽然现在这种席卷全球的文化灾难对我们影响较小。可是在西欧,我们所处的这个时代的主导性力量在文化创新方面微乎其微,仅比文化修补工作强一点儿而已。像以前一样,今天的人们只是草草地做了一些表面工作,只想在语言表述上做一点儿改进,只想以同样的方式对这种宿命的文化冲突做一点儿粉饰性的工作,却从未勇敢地从根本上重塑这些事物。

长期以来,我们都本着这样的精神对待文化艺术——不单缺乏强烈的研究冲动,还经常视而不见,这就导致长期以来始终缺乏一种直觉性的冲动,缺乏气魄和力量,以致很难从历史中追寻创造性的新发现。

---

① 由于人们习惯以"五脊六兽"代指"屋顶脊饰",为了便于传播我们将书名定为"五脊六兽"。另外,虽然意思基本一致,为了尊重原文,我们并没有将"脊兽""走兽""垂兽"统改为"五脊六兽"。 ——编者注

正所谓"种瓜得瓜,种豆得豆"。在对过去的探究中,人们只会寻找与自己的感知等值的东西,以及当下希望去经历的东西。总体来说,这一现象适用于这个时代,也适用于每一个个体。这也可以解释为什么我们在东亚文化和艺术中首先发掘的是纤丽的日本"小艺术",以及我们最终到达中国后首先发掘的是华美的瓷器的原因。当然,对于出土文物,比如说汉代和唐代的文物,我们在一定程度上可以借口称首先得把它们发掘出来,人们才可以揭示它们所蕴含的意义。但是对于那些在何种情况下都应该被立即感知到的事物,这个借口便完全站不住脚了。屋顶脊饰就是如此,这一点毋庸特别解释。

由于这种刻板的态度,欧洲的精神文化财富长期得不到充分挖掘,有些文化和艺术瑰宝的价值,甚至时至今日都还没有被认知。这是不争的事实,通过相关文献资料,本书将部分地证明这一点。除此之外,本书还有望为填补这一空白略尽微薄之力。

之所以在《唐代雕塑:7—10世纪的中国墓葬陶瓷》出版之后,紧接着处理这一主题,是因为由此可以将唐代和汉代作为一个整体联系在一起。唐代和汉代是中国陶瓷艺术发展的两个重要阶段,彼此互为补充。本书图片部分展示的中国屋顶脊饰等物件从未在其他地方展示过。图片中的物件基本源自我的私人收藏,只有一件物品除外(参见 52 页,图 25)。这些藏品的摄影工作是在格雷特·福克斯 - 阿尔斯伯格(Grete Fuchs-Alsberg)女士的指导和组织下完成的。

爱德华·福克斯

柏林蔡伦道夫(Zehlendorf),1924 年秋

中 | 国
—— | ——
屋 | 顶

图 1

陶瓷家庙。

屋顶可以单独拆卸。在正脊上和山墙两端有两条龙。

此外还有多个屋顶脊饰，在屋檐端部的顶瓦上刻有兽形纹饰。

寺庙的内部有一尊布袋和尚（弥勒佛）的雕像，周边围绕着多个人物雕像。

图 61（参见 104 页）是这尊佛像的近距离照片。

寺庙通体施多色釉彩——金棕色、黄色、铜锈绿和黄绿色，高 68 厘米

中国建筑最明显的特征之一就是那大幅向外突出的屋顶。它像盖子一样覆盖建筑的其他部分，因而直接影响建筑的整体形象。屋顶对于中国建筑来说，就好比外立面之于欧洲建筑一样重要。而在中国建筑的屋顶中，吸引我们主要注意力的则是那些屋顶脊饰。屋顶脊饰是置放于中国屋顶上的人形或兽形装饰的总称，外形丰富多样，有些甚至呈现出兽形和人形相结合的混合形式。特别是寺庙、宝塔和皇家宫殿的屋顶上有着大量的此类脊饰（参见6页，图1；9页，图2）。中国屋顶脊饰无论是在文化领域还是在艺术方面，绝对都是有趣的且具有重要的意义。本书的研究对象便是中国屋顶脊饰。这一绝对有趣的领域的研究，对于我们进一步了解中国文化和艺术发展的内涵极具启发意义。虽然中国的屋顶脊饰乍看之下仅具装饰功能，但是实际上它们的作用远不只如此。尤其是从建筑心理学上讲，它们是中国建筑的重要组成部分。不仅在中国，在世界其他地方，建筑也都需要具备这一心理学功能。鉴于这个事实，我们在做研究时必须首先从中国建筑出发，分析并确定其特质、局限性所在。

除了防御工事、城墙、部分大型桥梁、普通住宅、寺庙、皇家宫殿以及在中国常见的牌楼外，中国古代建筑绝大多数都是木质结构。这是由中国的自然条件决定的。不过这里说的自然条件，并不是指今天或者近一段时期的自然条件，而是中国原始部落定居时期的自然条件。当时，中国的大部分地区都覆盖着广袤的森林。虽然如今的中国木料短缺，石质建筑逐渐占据主导地位，但原来的木构建筑风格得以保留，且没有发生什么变化。这是因为长久以来，中国的经济组织形式的本质没有发生根本性变化，原始的木结构建筑基本能够满足这种朴素的需求。数百年来，木结构建筑不仅用于建造住宅，也广泛应用于寺庙、宫殿。这也是中国几乎没有古老建筑保存下来的原因。

中国留存下来的古老建筑最远只能追溯到明代[①]。即使是明代建筑，留存下来的数量也很少，几乎找不到明朝初期的建筑。我们对于更为久远时期的中国古老建筑外观的认识，完全依赖于古老的图片材料，以及墓葬出土的一些陶瓷（房屋）明器。然而，这些材料也极其贫乏。尽管如此，如下观点也是绝对没问题的：因为中国社会的经济文化在本质上没有发生根本性变化，因而建筑风格也没有发生根本性变化，使用的建筑材料同样没有多少变化，所以说今天的中国建筑同五百年前，甚至一千年前的建筑相比，并未发生根本变化。

但中国的建筑不仅仅只是一种木构建筑，它还是人类所能想到的最简洁的木构建筑。它和所有的木构建筑一样，以四柱支撑为基本建筑原则，柱子上方是具有保护作用的屋顶，柱子和柱子之间通过墙壁连接。实际上，中国的建筑从来没有跨越这种最简洁的建筑结构。今天的中国建筑同样遵循着这种简洁的建筑结构，只不过有些建筑的木柱数量更多，而那些等级较高的建筑将木柱换成了石柱而已。实际上，中国建筑由简单的梁柱构成，以"间"为基本单位。这种简单的梁柱式建筑则是以同样简洁的方法扩展，在第一个梁柱式建筑的基础上加建另一个梁柱式建筑，或者加建多个梁柱式建筑，比

①与事实不符，目前我们仍可看到少量唐代木构建筑。——译者注

图 2

济南府
火神庙里的钟楼。

这张照片清楚地展示出大量脊饰,展示出脊兽丰富的外形和各自如何排列分布于屋顶之上。
可以看到,这里最主要的母题有龙犬[1]、海豚[2]和龙头。
与钟楼相邻的一个屋顶也展示了同类型的脊饰。济南府的这座寺庙大致建于明朝晚期。
慕尼黑乔治米勒出版社(原来的福尔克旺出版社)供图

---

[1] 即中国福犬,常用做寺庙的吉祥物。起源于三千年前,据说绝迹很久,后在新疆被发现。
一说是北欧猎犬与古代松狮的结合,还有人认为是中国狼与松狮犬的配种。——译者注
[2] 根据后面的图片判断,这里所说的海豚应是螭吻。——译者注

如宝塔就是通过这种扩展方式建造而成的。居住建筑的扩展则通过在前方和两侧增建单"间"或几"间"来实现。甚至皇家宫殿在建造时也按照这种方式进行，只不过宫殿不像普通百姓的住房那样一间紧挨着另一间，而是雅致地分散于花园当中。

这种梁柱式建筑结构也由自然条件决定。中国气候湿热，因此居住在通风条件更好的梁柱式房屋中是最舒适的。如前文所述，中国的建筑主要由两部分组成：柱子和屋顶。即如前文描述过的那样，屋顶是其中最重要的部分。所有的中国建筑都是如此。在中国建筑构造框架中，屋顶是那样令人瞩目，以至于几乎会让人误以为中国人根本不是在建房子，而只是在建一个屋顶。同样，宝塔只是一个由多重屋顶构成的建筑，是将一个屋顶叠在另一个屋顶上。对于中国人而言，屋顶在建筑中始终居于最重要的位置，这一点在任何地方都不会被放弃。中国人不仅给居住建筑、宫殿和寺庙建造屋顶，而且在每一扇大门上建造屋顶，就连牌坊上也建了屋顶。在中国，牌坊用于纪念某些造福民众的丰功伟绩，它只是用于支撑具有展示性功能的屋顶的基架结构。总之，中国人的最高建筑理想都蕴藏于屋顶构造之中，中国人的建筑兴趣始终都汇聚在屋顶上面，可以说没有什么建筑物是没有屋顶的。

这同样也由自然条件决定，是迫于大自然的外力而形成的结果。中国经常发生强度极大、极具破坏力的风暴，也会有连日的暴雨。面对频繁的灾难性天气，人们需要一个在各个方向上都能够发挥遮蔽作用的保护盖。而能提供这种保护的只能是经过相应设计的屋顶。屋顶的构造必须能够保证在遭遇强烈的风暴时，建筑既不会因为风力太大而向内折断，也不会被整体掀翻。中国屋顶独特的外形和结构完美地适应了自然外力的条件。二者都是从强大的、人力无法改变的自然外力法则中发展形成的。我们不能被中国屋顶独特的美学线条所误导。任何一种单独的实用理念都无法转化为美学形式，因为在一件事物的美学线条中，总是有各种不同的元素组合在一起共同发挥作用，所以也就会产生多种多样的可备选的美学解决方案。基于这些原因，我们完全有理由认为，即使中国屋顶的外形如此独具一格，本质上仍是自然条件决定的。

事实就是如此。因此所有那些仅从其外形出发所做出的阐释都是错误的。因为这些阐述完全无视其由自然条件激发而产生的法则。虽然中国人的先祖曾经在帐篷中居住过，但是中国的屋顶并不像有些人说的那样是效仿游牧民族的帐篷；也不像有些人说的那样，中国的屋顶是笼罩大地的天空的象征图形；更不像另一些人说的那样，中国屋顶是倒置的船的标志。第三种解读源自最具"深意"的胡思乱想。这种阐释以中国文字"顶"的结构为基础。"顶"字展示的是一个倒置的容器，所以"理所应当"地引申出了这样的意义："该字的基本设想，是船载着太阳在水面上航行，穿越空气之海。行至西边时，船翻了，覆盖了太阳。所以每一个屋顶就是一只翻了的船或者一个倒置的容器。"这就是那些意图在中国文字中为自己的认识寻找答案的人所做的阐释。对于每一位历史学者而言，通过特定外形和文字图像象征意义的设想之间的关联性寻找众多有价值的启示，是了解拥有象形文字民族的不二选择。但是对于一名严谨的历史学家而言，即便这个重要的辅助手段是不可忽略的，但他也不可以因此曲解这一辅助手段，甚至将这一手段复杂化。因此，之前提到的有关解读中国屋顶外形来源的三种主流阐释方式，无论如何都是错误的。因为决定事物外形的首要因素就是来自外部的必要条件，即人的需求。

如此一来，对事物外形的象征性解读就不应居于第一位，而应居于第二位。无论如何，这才是人们理应采取的原则性立场。中国屋顶的外形源自天空或者压住太阳的翻覆船只等观点完全是符号象征性的阐释，是想象出来的，也是源自意识形态的。另一方面，中国频繁发生的暴雨以及强劲的风暴是无可争辩的事实。而在我们生活的地区，基本没有那种能与中国的暴风骤雨相提并论的恶劣天气。因此，基于气候条件产生的基本需求是各种屋顶外形灵感的源泉，也就是说，在决定屋顶外形方面功能性目的思维是第一位的，因而不同地区的屋顶外形也是形态各异的。所以屋顶的外形也成为标识和区分各种建筑形式的最重要元素，其标识度胜过建筑的其他任何部分。

正因如此，在一个拥有多种不同气候特征的国家里，我们会碰到多种类型的屋顶外形。在山区，冬天会下很大的雪，那里的房顶都建成尽可能陡的坡面，这样就只会有少量积雪压在屋顶上。出于同样的原因，山区的屋顶往往大幅度向下方延伸，有时檐角甚至会低至房子的底层部分。在山区地带绝不会碰到平顶的房子，因为这类房子可能会由于平顶上大量积雪而被压塌。平原地区的屋顶坡度则很小。因为气候温和的地区一般不会出现大雪天气，而且房屋必须留有宽阔的采光通道。在南方，房子为大平顶形式，因为南方的人们在屋里生活的时间跟在屋顶生活的时间基本上是一样多的。在中国下大雨时往往伴有风暴，所以屋顶必须向下倾斜呈坡面状，不过坡度很小。这样风暴就不会把屋顶掀翻，更不会吹倒整座屋子。而坡度过陡的屋顶则始终存在这样的危险。只有臆想家才会想当然地认为中国屋顶的主要功能是其特别的象征意义，纯粹是出于偶然才同时实现了功能性用途。在这个关联中，我们也得提到中国屋顶使用的建筑材料。现在中国的屋顶覆盖的都是瓦件。当然情况并非一直如此，最初中国的屋顶覆盖的是木瓦，木构建筑原来所使用的材料自然都是木质材料。一般都认为，从木瓦屋顶到砖瓦屋顶的转变大约是在公元前4世纪时完成的。该时间节点是有证据佐证的。早在汉朝早期，即公元前2世纪时，就已经存在刻印文字的砖瓦，后来还出现了端部印有兽形装饰图案的瓦件（请对比更晚时期的瓦当，参见6页，图1；9页，图2；22页，图3）。因此可以肯定的是，最早的无装饰的瓦件可以溯及更久远的时期。鉴于砖瓦的古老历史，在某种程度上也可以认为砖瓦屋顶是中国的发明。同样也有可能的是，和很多其他发明一样，砖瓦这一发明在不同的国家有各自独立的发展历史。不过假使中国在公元后的头几个世纪里又发明了釉面瓦件工艺，那么这也有可能是中国的一项独立发明。无论如何，从那时起，在长达几个世纪的时间里，中国都是整个亚洲唯一的屋顶瓦件出口国。在那个时期釉面瓦件是除丝绸之外中国最主要的出口产品。

中国之所以在很早的时候就发明了釉面瓦件技术，同样是由其自然条件决定的。这一发明是基于屋顶瓦件的功能性目的思维形成的完美解决方案。因为未经进一步加工的烧制瓦件有一定的吸水性，而上釉的瓦件则绝对不吸水。另外，釉面瓦件比无釉瓦件坚固得多。此处还要提及的一点是，屋顶瓦件的形状很明显直接源自木质建筑时代。整体上来说瓦件的外形直到今天几乎没有发生过改变。木质瓦件原本是半边环形树皮，其铺盖方式是交替堆叠，一片木瓦叠压在另一片木瓦上。后来人们就仿照这种树皮形制，以陶土为材质，制作成规格标准的砖瓦件。

　　接下来说一说中国屋顶真正的象征意义这个问题。自然，所有国家的屋顶无疑都存在象征意义，而且屋顶所具有的都是同一个象征意义，即庇护的象征。然而在现有的各种屋顶外形中，没有几个屋顶外形能像中国的屋顶外形那样，将庇护这一象征意义体现得如此淋漓尽致。如果不是先入为主地抱着神秘论的态度一定要探寻其深刻意义来观察中国屋顶的话，那么马上就可以认识到这一点。科隆市东亚博物馆里有一个特别的展厅，专门用于展示屋顶的构件。该博物馆创建人阿道尔夫·费舍尔（Adolf Fischer）教授在博物馆的导引手册中写道："屋顶对整个建筑物的庇护功能，在任何一个地区都不像在东亚地区那样，呈现得如此鲜明。"屋顶的庇护功能的重要性在这里比在地球上其他地区更高。所以屋顶的这个初始的、真正的实用理念就成了最高准则。因此中国屋顶的构造设计也可以被称作庇护功能的外形象征。在中国屋顶的下面，人们感觉受到庇护：不仅仅是在可怕的风暴来临之时，或者连日暴雨的情况下，人们觉得受到庇护。即使是天塌下来，人们也会觉得自己处于庇护下。

　　但是中国人并不满足于仅仅通过技术来实现这种庇护功能，他们还努力通过象征手法极力加强这种印象。这种象征手法就是屋顶脊饰。中国人就是借助屋顶脊饰来加强庇护印象的。因为脊饰唯一的功能就是为居住者提供庇护，是为屋顶下的居住者提供庇护的保护神和护佑者。脊饰的大量存在使得屋顶被赋予的庇护功能如此明显、直接地得到体现和强调，这简直达到人类想象力的极致了。

在整个人类建筑史上,中国屋顶的脊饰是独一无二的,再没有第二个与之类似的建筑现象。基于这些原因,本书的研究对象——屋顶脊饰也无可辩驳地证明了除庇护功能之外,对于中国屋顶外形的其他阐释都是错误的。如果我们将所有这一切都置于其不可割裂开来的必要性和关联性中,即我们首先将中国独特的气候条件考虑进来的话——正是独特的气候条件使得屋顶的庇护功能在中国人的整个生存框架中享有非常重要的地位——那么屋顶成为中国人想象世界中最重要的外形设想之一就完全解释得通了。这同样完美地解释了为什么中国人在屋顶的技术构造和艺术建构上如此地花费心思,如此地极致投入。当然,这也解释了中国独有的一种现象,即通过树立牌坊的方式来赞颂功绩。在中国,一个人不管是出于何种原因建立了让百姓长期为之感激不尽的丰功伟绩,百姓就会给他立一座牌坊。前文提到过,中国的牌坊起到纪念碑的作用。前文说到牌坊时所使用的德语译法是"Ehrenpfeiler"[1],但实际上更准确的译法是"Ehrendach"[2]。因为屋顶是不可以直接建在地面上的,否则就与屋顶一词的含义相悖了,所以必须选择一种形式,使得屋顶在其中依然能够占据主导地位。这种形式就是牌坊,凸显出了屋顶在其中的重要地位。

---

[1] 该词直译的意思是荣誉柱。——译者注
[2] 该词直译的意思是荣誉屋顶。——译者注

中　国　人

的

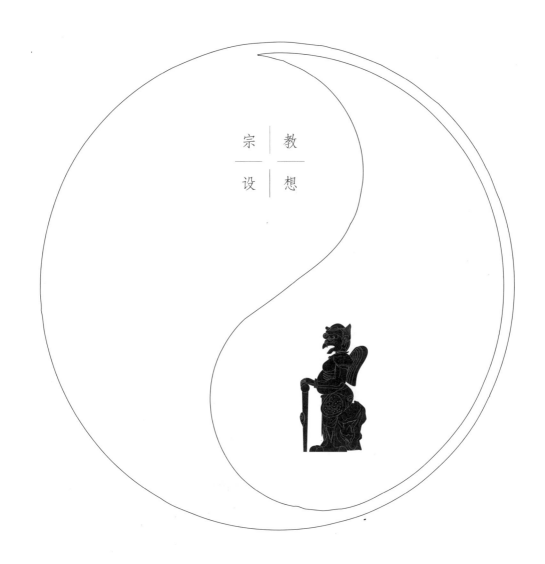

宗 ｜ 教
设 ｜ 想

　　每个屋顶脊饰所具有的象征意
义，都必然能够在中国人的宗教设想
中找到根源。所以我们在这里先简单
梳理一下中国人的宗教设想中可能
与之特别相关的内容。

　　最古老的宗教设想是泛灵论，也
就是万物有灵论，在中国也是如此。
在这件事情上，中国人与其他很多民
族的唯一不同在于中国人的基本世
界观一直没有变化，至今依然如此。
宗教设想其实就是为了满足人们物
质和精神生活的需要，而中国人的基
本生存条件一直没有发生根本性改
变，所以他们的宗教设想也没有发生
过根本性改变。泛灵论在中国民间信
仰中一直占据绝对的主导地位，在中
国人的想象中绝无什么事物是没有
灵魂的。在他们可认知的现实世界
中，甚至在可感觉到的感知世界中的
任何一个事物，如动物、植物、石头、
道路，以及各种形式的器具等都被中
国人赋予了灵魂。世间万物都被赋予
了特别的神秘意义，即每件事物都拥
有一个独特的灵魂。

下文举几个简单的例子来说明这一点。在中国，如果一个中国人要踏入一间房子，他不会随便拜一位神，以祈求它保佑自己得到友善的接待，而是拜他即将跨过去的那个门槛神。一个农夫在犁地之前也不会随便向哪一位神祈祷保佑其耕种顺利，而是拜住在犁具里的神灵。一个射手则拜他射箭的箭靶子神。与这些和自然相关的泛灵论相联系的，必然也是独特的自然观。以如此原始的方式与大自然紧密相连并受其影响的人，不自觉地便将整个自然界划分为两种力量，即对人友善的力量、与人敌对的力量。如此划分自然界力量的方式，之所以与泛灵论相关，是因为在赋予自然灵魂的行为中，人们所感知到的永远是被自然主宰的行为——人们觉得自己被不同的自然力量所主宰，认为有灵魂者便会有意志。也就是说，如果一块石头、一棵树、一座山都有一个灵魂，那么它们拥有的就不仅仅是石头的灵魂、树的灵魂、山的灵魂而已，同时也拥有了石头的意志、树的意志和山的意志。它们同样也是特别的力量。这种力量也就是前文提到的自然力量。如此一来，深受泛灵论影响的中国人将整个自然界划分为友好的或者敌对的这个问题，才具有意义。

基于这一基本理念，迷信的中国人便得出了非常简单的结论，直到近代大多数中国人还是迷信的。像其他具有自我意识的生物一样，他们想尽办法不受伤害地穿梭于生活中的无数险阻之间，或者说想要在妖魔鬼怪所设的各种阴险的陷阱面前，得到更多庇护。于是人们就创造了随时守护在自己身边的庇护者。这些庇护者构成了他们的庇佑卫队，日日夜夜、时时刻刻守护在人们的身边，不知疲倦地战斗着，为人们抵御妖魔鬼怪的侵害。中国人创造这样一支无与伦比的庇佑卫队的方式就是毫不犹豫地和那些对其友好的神灵结盟，并且将每个神灵直接和自己联结在一起。其中，对我们来说最重要的，自然是中国人如何实现这一点。因为这个"如何"对于我们的目标而言是最为重要的，也是唯一重要的，同时也显示出他们对待这些事物的泛灵论思想。

这种泛灵论的思想使他们可以以世上最简单的方式去实现这个最重要的目的。根据泛灵论，每件事物都有与其外形相对应的灵魂，所以中国人要做的就是为那些对人类友好的力量塑造出艺术形象。这里说的对人类友好的力量就是那些以各种各样的形式为人们提供庇护，并可以驱灾辟邪的神灵。他们有些给人报信提醒人们小心邪魔加害，有些则直接对抗邪恶的力量。中国人自然而然地创造了这些艺术形象，认为这样一来所有的问题都能迎刃而解。对他们而言，现在唯一的任务就是如何合理地安置这支（以这种方式创造出来的）庇佑卫队。中国人认为，最合适的安置方式就是在各处都树立起保护神的形象，如在街道上、寺庙前、宫殿前、城墙边等。但是这些地方所安置的保护神的数量全都没有屋顶上那么多，而且也不如屋顶上安置的那么具有计划性。

中国人这么做是有道理的。基于自己的个体经验，每个中国人都知道屋顶可以最大限度地庇护人们渡过各种厄运，面对炎热天气的折磨时，面对可怕的暴风骤雨的侵袭时，是屋顶为他们提供庇护。那时中国人最害怕的力量是会让一切生命干涸的炎热的太阳，是天上闪耀的闪电——闪电让他们易燃的木构房屋时刻都面临火灾的危险。个体渺小的他们面对这两种邪恶的力量时，只能依靠建造屋顶来保护自己。屋顶的作用是如此的重要，因此仅仅从技术上对屋顶进行特别精巧的设计，对中国人而言是远远不够的。他们要让屋顶在精神上也"得到加固"，具体操作方式就是将其依据泛灵论所创建的庇佑卫队的核心力量安置于屋顶之上，即沿着山墙和屋脊建造屋顶脊饰。这些脊饰代表着永不知疲倦的、时刻守卫在自己岗位上的卫士。这样中国人才觉得自己是安全的，在恶魔的袭击面前是受到庇护的。屋顶脊饰的广泛使用就是这样产生的。鉴于中国人的基本世界观一直未变，以及这种基本世界观的表现也一直未变，屋顶脊饰的使用得以历经数千年之久，一直延续至今。关于屋顶脊饰的产生及其作用就讲到这里。有关中国的屋顶脊饰原本只具有装饰性功能、其象征性功能是后来补充上去的说法一再被证明是谬误的内容，我们将会在下一节结尾处提到。

此处还有另外两点需要讨论，这两点需要大家尤为关注。第一点是脊饰的色彩。中国人永远不会只给屋顶脊饰做一个外形便将其安置在屋顶上，而是给它们绘以特定的色彩，且这些色彩也绝不是毫无含义的。因为在中国，每个词汇都有自己独特的意义，所以颜色在中国人眼里也具有特别的意义。说得更清楚一些，颜色在中国人的想象中也有自己独特的灵魂，这就意味着颜色有特定的意志，是特定力量的载体。而且这些力量还会向特定的方向辐射，进而在更广阔的范围内发生作用。由此可以确定，屋顶脊饰上的色彩绝不是任意为之的，而是根据各种脊饰被赋予的不同任务绘制特定的颜色。在中国，各种颜色所代表的意义跟它们在欧洲被赋予的意义并不相同。在我们的研究中出现频率最高的颜色是黄色、绿色、蓝色、红色和黑色。这五种颜色对于中国人而言具有重要意义。其中，又以黄色最为重要。黄色也是全世界都熟知的中国主色调，代表权力、力量和财富。这说明中国人相信黄色可以让受庇护的人朝着这个方向发展，变得富有，获得权力，变得有力量。因此黄色成为所有颜色中最常见、最受欢迎的颜色，也被视为最佳庇佑颜色。

另外，黄色也是皇家专用的颜色。皇帝穿的服装是黄色的，使用的瓷器也是黄色的，皇宫的屋顶也大多用黄颜色的瓦覆盖。但这里必须明确指出的是黄色绝对不是皇家唯一使用的颜色。绿色和蓝色寓意永久太平，鉴于其所代表的寓意在中国人的思想中占据重要地位，这两种颜色——尤其是绿色——成为黄色之外最常见的两种颜色。很多皇家宫殿的屋顶铺设的是绿瓦和蓝瓦。在北京的古老建筑中，专门祈佑天下太平的天坛是最神圣的。天坛的建筑位于一个巨大的公园内，一道绿（琉璃）瓦围墙将天坛和外面隔离开来。天坛祈年殿的屋顶铺的是深青金石蓝色（琉璃）瓦。据一份游记称，在天坛举行祭天仪式的时候，整个天坛内部都是蓝色的。祭器是蓝色瓷器，参加祭祀仪式的人员身着蓝色服装，门上和窗户上都悬挂着用绳子系在一起的纤细的蓝色玻璃管。

另外一个重要颜色是红色，红色代表喜悦和幸福的生活。在中国，在朝为官是很幸福的，所以只要不是直接在皇帝跟前当差的官员，朝服便是红色的[1]。黑色代表的是摧毁、消灭，所以作为英雄坐骑的战马是黑色的。黑色的战马能够把毁灭带到敌人的阵营中。在中国代表悲伤的颜色是白色，与我们这里是黑色不同。人们向新逝者的灵魂挥舞白色的麻布，以召唤他们的灵魂回到这个世界来。出于同样的原因，逝者家人穿的丧服也是白色的。此外，白色还代表洁净和光亮。希望改掉恶习的人，或者说追求光明的人，为了确保自己能够实现目标，也会穿白色的外袍。不同颜色的组合使用，便产生了相应的组合意义，便可以在这些方向上发挥相应的作用。

对我们的研究主题而言，和颜色问题同样重要的是外形。这是中国人的第三个象征性代表。此处涉及的是可视化的问题，即能被看见。由于中国人认为只有看得见的有形事物才能带来幸运，所以具有庇佑功能的象征物只有在被人们看见或者能够被人们看见时，才能起到庇佑作用。比如宝塔经常有十二层之高甚至建得更高，而且大多都建在山和斜坡的至高处。根据中国人的宗教设想，这样做可以尽可能地扩大宝塔的可见范围，最大限度地扩展其庇佑范围。而展示性地放置各种庇佑象征物，同样源于这种认为可见事物具有实质性影响的基本理念，比如在屋顶上安置脊饰。中国的庇佑象征物从来都不会被置于隐蔽之处，更不会是碰巧才能被人发现的。屋顶脊饰一直被安置在极为醒目之处，这一点图1（参见6页）和图2（参见9页）能给我们提供强有力的证明。同样，颜色只有在人们可见的地方才起作用，所以中国人特别喜欢使用明亮的颜色。这也是他们所用的色彩经常呈现出"嘶吼式"特性的秘密所在。每种颜色都必须以各自的方式发出"吼声"，这样它们才能在尽可能大的范围内发挥其被赋予的特定功能。

---

[1] 此处作者表述有误。——译者注

屋 | 顶
脊 | 饰

的 象 征 意 义

图 3

屋顶脊饰。
滨鹬。茄皮紫和松蓝色釉彩。
高 24.5 厘米（木质基座未计算在内）

我们现在来说一说屋顶脊饰的庇护功能。通过上文我们得知，每个不同的脊饰都被中国民间信仰赋予了独特的庇护功能。

据我们所知，屋顶脊饰中出现最多的动物形象是龙、凰鸟（也称凤凰）和龙犬。龙犬应是与佛教相关的形象，也被称为麒麟、天狗或者狗狮。在中国，麒麟、天狗、狗狮都被视为瑞兽，通常以龙和龙犬的结合体的形式出现。脊饰中出现的真正的动物形象，即自然界中真实存在的动物，常见的有马、兔子、公鸡、滨鹬（Strandl Ufer）（这种鸟跟滨鹬极其相似，参见22页，图3），以及海豚①。屋顶脊饰中常见的人物形象有儒生、仙人、鬼、战神等，尤其是骑着战马的战神。以上这些就是迄今为止我们所见到过的所有屋顶脊饰类型。我们认为，它们应该已经包含了现存脊饰中的大部分了。但是极有可能的是，它们并未完全覆盖现有的全部屋顶脊饰类型。虽说上文共列举了差不多15种不同的脊饰类型，但从这个基数中就可以产生相当数量的差异性外形。因为上文所列举的每一个基本类型，都会有几十种甚至更多的变体形式。这一点我们需要总结性地强调一下。

每一个用脊饰装饰的屋顶也都饰有龙形构件，至少在屋脊两端会置有龙形构件（参见6页，图1；9页，图2）。另外，在山墙的四角也经常会设有龙形构件。但这些往往并非屋顶上安置的所有龙形构件。在一些情况下，尤其是皇家宫殿的屋顶，位于屋檐端部的所有瓦当，即从下方可以看见的圆形瓦件（参见6页，图1；9页，图2），很多都饰有龙形浮雕。所以说在这种情况下，一个屋顶上会重复出现成百上千个龙的象征符号。图4（参见24页）展示的就是一个这样的瓦当。而且该瓦当应该来自皇家宫殿，因为瓦当上的龙有五只爪子。不过撇开龙形象征符号的使用频次不谈，仅就其所具有的突出性象征意义而言，龙在所有被赋予庇护功能的形象中可谓名列榜首。因此在用作屋顶脊饰的庇护者形象当中，龙同样居于首位。没有任何一个动物形象或者人物形象，拥有像龙一样重要的地位。另外，在中国人眼中，龙的寓

---

① 根据图片判断，此瑞兽应为螭吻。为了忠实于原文，译文中依然使用海豚。——译者注

图 4 皇宫屋顶上的一块瓦当。上有五龙护珠的图案。单色釉彩：黄色。直径 19 厘米

意绝对不是毁灭，也并非欧洲人想象中的邪恶的代表，相反，龙在中国代表的是极其强大的自然力量，是源远流长的象征。可以说，龙的寓意是最强的力量和最高的权力。比如，水龙和风虎一并被视作农耕方面最高等级的神，顾名思义，它们代表了农耕者赖以生存的条件，即天气——阳光、雨水和风之间恰到好处的分配。因为在以家庭为单位的田园耕作发展的过程中，农耕是全体中国人赖以生存的主要根基，所以这两个形象自然而然地就上升为中国人想象世界中至高无上的力量。因此当需要通过象征方式体现至高无上的权力时，人们就会选择龙的形象。

图 5

屋顶脊饰。
位于檐角端部的卧龙。
龙头警示性地抬起,龙角像燃烧的火焰一样向上竖起。
单色釉彩:棕黄色。长 45 厘米,高 35 厘米

图 6

屋顶脊饰，山墙端部冠饰。

戒备式地立着的龙。

依据所刻文字记载（刻在尾巴上），该构件属于某一建筑物的东南檐角处。

多色釉彩：黄色、淡绿、绿色和深棕色，黄色为主导性的颜色。

长 106 厘米，高 63 厘米

此外，龙还是皇帝印鉴上的形象标识，这时龙都是五只爪子。皇帝的官员们也同样以龙为宝玺标识①，但是依据身份和官阶不同，他们使用的龙只有四只或者三只爪子。又比如皇帝的宝座被称为龙椅，在战场上中国人追随的旗帜是龙旗——当然龙旗的颜色也是黄色的。费诺罗萨（Fenellosa）称，龙是"一位拥有自制力和强大力量的男性"的象征和模型。关于龙被用作脊饰形象，即具有庇佑功能的龙作用于所涉房屋的方式，

恩斯特·福尔曼（Ernst Fuhrmann）
在其著作《宗教中的动物》中这样写道：

一个极为关键的表现是屋顶的四面全部都有龙……

这些龙原本生活在沼泽地区和原始森林中，即它们生活的地方是整个国家的雾和云所源起的地方。人们也将云视作想象中的龙的样子②，这些云与太阳相抗争，所以龙原本是太阳的敌人。中国可能很早就开始出现干涸现象，所以人们把太阳当成危险的力量，因为它阻碍了植物的生长和农业耕作，因此人们就将龙抬升为仁慈的力量。与之一同被抬升的还有风。留存下来的沼泽地和森林上方升起大片大片的云，并且因为风力飘到远处，使很多地方可以得到来自那里的雨水浇灌。如果独有太阳这一方力量起作用，那么最终所有生命都将死去，植物无法生长，动物没有食物，如此种种……

① 原书作者对中国文化的认知还存在一定的缺陷，因此书中难免存在一些谬误，但是为了忠实于原文，翻译时仍保留此类文字表述不变。——译者注
② 云龙。——译者注

如果龙和太阳发生对抗，天上就会电闪雷鸣。所以人们将小龙置于屋顶的两端，以庇护房屋避开闪电。可能是从远古的时候起，中国就存在两种并行的想象。一方面，闪电是龙的武器之一，而动物不会伤害小型的同类。所以龙会将屋顶上安置的小龙当作自己的子孙而躲开它们，那么就不用担心闪电会击中房屋。另一方面，如果人们相信闪电是太阳的武器，那么屋顶的小龙和强大的云龙并肩战斗，也一定有能力为房屋化解危险。很早的时候，人们就用金属制作成龙的形象，并将龙放在屋顶的两端。这让人不由得想到，闪电的电流通过这个大幅外凸的部分直接导向了地面，而不会触及房屋。所以中国人对避雷针原理的运用很可能已经有上千年的历史了，他们基于自己的理解以极为自然与和谐的方式达到避雷效果。

关于中国龙信仰的起源，或者说深层次的原因，存在各种不同的说法。费诺罗萨在一个海怪身上发现了中国龙的原型，他从这个构型中推导出中国艺术与海洋的关联。也有一些人认为中国龙的原型是当时的中国原住民看到的一只恐龙，恩斯特·福尔曼就认同这一观点。我们则持不同意见，对于像龙这样的想象，我们首先应从自然、最接近的根基中寻找和推导。中国龙纯粹是想象出来的形象，该形象出现时恐龙早已灭绝。那时的人们面对未知的自然力量心怀恐惧，想要寻求庇护，于是便把他们眼中最可怕的动物联系在一起，将各种可怕的动物混合起来，最终形成拥有猛兽的蹄爪、可怕的猛兽大嘴，以及危险的锯齿形脊柱的蛇的形象。猛兽和蛇，这二者本就是最可怕的动物，而人们将这二者结合起来，作为龙的形象。如此一来，拥有如此外形的龙便成了世界上所有最可怕动物的混合体。龙不仅是世界上最危险的蛇，还是世界上最恐怖的猛兽，同时兼有二者的特性。就像前文所说，感到自己渺小无力的人类想要有这样一个面目可怖的保护神守护在自己身边，因为即便是最无畏的邪魔在它面前也会感到害怕。于是人们就以龙的特殊形象创造了一个保护神。人们面对未知的自然力量时觉得孤立无助，因而对未知的自然力量长期心怀恐惧，这种长期的恐惧便是龙的形象产生的最自然、最接近的根源所在。在很多情况下，恐惧是隐藏在人类想象力背后的创造驱动力。它源于所有生命存在的根本法则，源于生生不息追求生命长存的强烈意志。无论如何人们都想战胜致命的危险，这不仅是所有人类行为的最终法则，也是所有动物行为的最终法则。所以这也是所有直觉行为的根源。此外，各种不同的瑞兽的外形也极其鲜明地证实了龙的特殊外形是通过这种方式，而非其他方式产生的。后面我们将会谈到瑞兽，它们同样是人们因为被恐惧折磨、因为需要帮助而想象出来的形象。

龙作为具有庇护作用的脊饰，有两个很突出的例子，即图5（参见25页）和图6（参见26页）展示的脊饰。二者原本都是山墙顶角处的冠饰构件，从其设计的形制就可以看出，它们只可能是连接件，除此之外没有其他可能性。图6展示的是保留其原本色彩的龙形构件。这是个巨型的龙形构件，长106厘米，高63厘米。该龙形构件的尾巴背部所刻铭文也证实了这一点。根据一位汉学家的翻译，这行文字的意思是"东南角"。这是一种石刻标记，欧洲建筑一直以来也是如此。它表明脊饰安放在屋顶的东南角。如果说存在一种构件能够证明中国人在构建龙的形象方面所具有的大胆的想象力，并且足以令人信服，那么非这个出自明代的巨型龙形构件莫属。该龙形构件原本可能是一位品级很高的大臣官邸屋顶东南角的装饰，因为上面的龙是四爪龙，主体颜色是黄色。通过这个构件确实可以断定，龙的产生及其外形都源自人们内心最深层的恐惧情绪。该构件线条简洁，尺寸很大，蕴含着无比巨大的力量。最安全的庇护这一功能性目的在这个构件上的表现堪称经典。图5（参见25页）中的龙形构件尺寸较小，只有45厘米长，35厘米高。但是它在表现力方面同样具有代表意义。第一个构件表现的是严阵以待、随时准备攻击的状态。第二个构件表现的则是最高程度的戒备状态，但这种戒备却又与最危险的野性结合在一起，一旦有危险逼近，野性就会爆发出来。这个龙形构件施的也是黄色釉彩，并且通体黄色。可以说通过外形和色彩，该龙形构件的庇护功能得到了进一步的加强。根据其建筑形制可以明确判断出，该构件是位于翼角端部的冠饰构件，从其大线条的简洁性来看，极有可能出自明朝初期。

在作为屋顶脊饰的雕像中，龙犬是最常见的。龙犬，也被称为狗狮、天狗或麒麟，这一点在前面已经提到过。同一个屋顶上安置的龙形雕像大多不会超过四至六个，而一个屋顶上安置的龙犬通常多达几十个。它们往往是多个一起呈队列式排布（参见9页，图2；31页，图7），这样可以阻断来往通行的全部道路。龙犬的外形也有相当多的变体形式（参见31—43页，图7—19）①，有的呈站立姿态，也有的呈后腿蹲坐姿态。而作为脊饰的龙犬一般都为蹲式（参见31—37页，图7—13）。龙犬的身体是狗和狮子的结合体，并且狮子的成分多于狗，因为一般来说龙犬身上的鬃毛极为突出（参见33页，图9；35页，图11；41页，图16；43页，图19）。但那个时候的中国人并未见过真正的狮子。这里的狮子形象终究还是由于中国人的深度恐惧情绪而被创造出来的。此外，龙犬最具特色之处是其一分为三的尾巴。我们认为，龙犬形象特征的创造起源和方式同龙是一样的。即龙犬是人们以狗为原型想象出来的最恐怖的形象，新加入的外形特征自然也是借用人们想象中极具危险性的某种动物的外形。

对于这些外形，人们总是特别喜欢选取那些他们只是听说过的动物外形，并且处处都是如此。这样一来，人们就可以在此基础上充分发挥想象力。具体到龙犬这个形象，人们借助他们所听说的狮子的外形发挥想象。通过不断发现的龙犬新变体形式我们可以发现，人类创造性的想象力在龙犬身上表现得淋漓尽致。即便那些看起来应是固定的经典形象的外形也会出现一些新的变化。图7—19展示的只是现存龙犬主要外形中的一小部分而已。在这些图片中，龙犬具有庇佑功能的特征是显而易见的。在中国人的设想中，动物是所有穷苦人的同盟者，而穷苦人全都是需要庇佑的人。狗不仅在人类的动物

---

① 根据图片判断，图7—19中既有獬豸，也有龙或狻猊，还有些是狮子。但是此处需注意的是作者一再强调龙犬的典型特征为三分式的尾巴，这是其判断此类兽形为龙犬的重要依据。——译者注

朋友中名列前茅，并且与之联系在一起的只有庇护这一概念。所以，由此进化而来的龙犬对人类永远只有善意，不会有任何不利的举动，因此其作为庇护者的角色尤为突出。龙犬外形的设计遵循如此法则，其色彩的考量同样如此。它们主要呈黄色、绿色，或者兼有黄绿二色。所以说它们是所居房屋的强大的庇护者和永久太平的推动者。

图 7

屋顶脊饰。
多个蹲式龙犬。
图片展示了龙犬排列在屋顶上的样子。
单色釉彩：绿色

图 8

屋顶脊饰。

蹲式龙犬。

单色釉彩：绿色。高 33 厘米

图 9

屋顶脊饰。
蹲式龙犬。
多色釉彩：通体绿色，只有鬃毛和三分式的尾巴是黄色。
高 27 厘米

图 10

北京皇城内的屋脊兽。
伊东忠太博士收藏。
本图的屋脊兽同样用绿色琉璃瓦制作，造型或许是麒麟。
制作年代应当在乾隆时期（1736—1796）以后。
刊于大村西崖、关野贞、塚本靖：《中国建筑》（1928—1931）

图 11

屋顶脊饰。
蹲式龙犬。
单色釉彩：绿色。
高 25.5 厘米

图 12

屋顶脊饰。
蹲式龙犬。
多色釉彩：鬃毛和三分式的尾巴及腿上的毛和筒瓦为绿色，身体为黄色。
高 29.5 厘米

图 13

墙脊冠饰。

蹲式龙犬。

在张开的血盆大口中含着一个刻有清晰的线条纹饰的拱板（？）。

多色釉彩：鬃毛、腿上的毛和尾巴是黄色的，身体是绿色的，

眼睛和铃铛是黑色的。

制造时间：明代。高 23 厘米

图 14

寺庙守卫者薰炉。
蹲式龙犬。
置于一个圆形的陶瓷基座上，左爪下方踩着一个被它打败的恶鬼。
单色釉彩：绿色。
高 26 厘米

值得我们特别关注的展品是图9（参见33页）、图11—12（参见35—36页），它们中的大多数应该出自明代。龙犬也被视为护卫神。中国人经常将其放置于街道、宫殿门口、寺庙门口，以及宫殿和寺庙内部。龙犬作为护卫神立于各处的频率与龙的使用频率相当，甚至比后者更高。与之类似的是欧洲建筑的侧部构件——宫殿和教堂入口前方具有护卫功能的狮子立像。图13（参见37页）、图14（参见38页）、图16—18（参见41—42页）展示的就是这类龙犬形象。其中，图17—18（参见42页）的龙犬特别有气势。这个龇着尖牙的猛兽高56厘米，身躯为绿色，鬃毛、胸部和示威式张开的血盆大口内都是黄色的。其制造时间应该是在明朝中期或者晚期。如果用龙犬来背驮战旗，那对于战旗而言自然是再好不过的护佑了，因此后来龙犬成为背驮战旗的唯一瑞兽。图15（参见40页）展示的是典型的、时至今日仍然常见的龙犬形象。但是图15所示形象的表现形式是原始的，在大线条上极为简洁，由此可以推断该物件在明朝初期时就已经出现了。

　　上文提到的既非龙也非龙犬的瑞兽通常是二者的结合体，它是一只有龙爪的龙犬。这种瑞兽经常会驮载一名骑行者。这种一人一兽的组合所要表达的应是集龙、龙犬以及相应骑行者的功能于一身的瑞兽，它在一定意义上是一个能力倍增的保护神。图20（参见45页）展示的是此种神兽中一个极为典型的例子。该图向我们展示的是一只示威性地张开血盆大口的猛兽，它正以这种方式震慑恶魔。而猛兽背上的骑行者双手捧着一只用于盛接祭祀所用鲜血的盘状器皿，或许意图用祭品抚慰恶魔，或许试图通过祭品散发出的气味向友善的神灵寻求帮助。该构件无论从哪个方向看都是一件杰出的作品，依据其简洁性判断，制造时间不会晚于明朝中期。它应该是一个山墙端部的冠饰构件，可能来自一座寺庙的屋顶。毫无疑问，该寺庙屋顶山墙的其他三个翼角①肯定也置有同样的连接件。图21（参见46页）展示的是一个相似

---

① 中国古代建筑屋檐的转角部分，主要用在屋顶相邻两坡屋檐之间。因向上翘起，舒展如鸟翼而得名。——译者注

图 15

插旗子的基座。
站立龙犬。
多色釉彩：身体是绿色的，顺滑的皮毛和鞍是黄色和浅棕色的，
蹄子和眼睛是黑色的。
长 43 厘米，高 38 厘米

图 16

寺庙守卫者。
蹲式龙犬。
整体置于陶瓷基座上。
多色釉彩：全身除鬃毛和尾巴是黄色的，其他各处均为绿色。
高 44 厘米

图 17　寺庙守卫者。

蹲式龙犬。

整体置于有穿孔的陶瓷基座上，

左脚踩在一个翻倒的容器上。

多色釉彩：绿色、浅黄色和黄色，眼球为黑色。

高 56 厘米

图 18　图 17 所示脊饰的侧面图

图 19

寺庙守卫者。
蹲式龙犬。
整体置于一个较高的陶瓷基座上。
多色釉彩：绿色、黄色和松绿色。
明代。高 43 厘米

的瑞兽，不过其制造时间可能要晚一些。在这幅图上，一个男性人物形象以祭祀方式站在他那稀有的猛兽坐骑旁边。这个构件之所以引起了我们的特别关注，是因为这头猛兽的背上蹲坐着一只老虎。在中国人的理解中，这只老虎的作用显然是击退威胁到房屋的风（参见24页，风虎）。总体而言，尽管我们有幸见识到了各种各样的屋顶脊饰，以及其中蕴含的丰富多彩的艺术表现形式，但是不得不承认的是，我们并没有能力进一步了解其意义所在，尤其是这些形象及其所表现的瑞兽本身。凰鸟，即中国的凤凰，在某种意义上也可以被视作瑞兽。尽管中国版本的凤凰在鸟类世界中是有特定原型的，但没有任何一只鸟和凤凰的外形完全匹配。凰鸟是中国人想象出来的一种极为华丽和高贵的鸟类组合形象。在中国，凤凰是皇后宝玺的标识。皇后的衣服上通常绣有或者织有凤凰图案，皇后的女官和丫鬟的衣服上同样有凤凰图案[①]。除了龙以外，凤凰是皇宫内最常见的装饰性图案。很多瓷器和刺绣作品上都有凤凰图案。因为凤凰是皇后宝玺的标识，所以凤凰也会作为脊饰安置在皇后及其宫人所居住的宫殿建筑的屋顶上。如果凰鸟脊饰出现在其他地方，那么其作用一定是庇佑女性免遭危险侵害。总体来说，凰鸟脊饰出现的频率不如前面提到过的那些脊饰形象那么高。

[①] 由于作者对中国文化认识有所欠缺，因此出现了此类谬误，为了忠实于原文，此处保留原文论述不变。 ——译者注

图 20

屋顶脊饰。
山墙端部冠饰。
作为坐骑的神兽（有龙爪的狗狮）。
坐骑上的人双手拿着一个用于盛接祭祀所用鲜血的盘状器皿。
多色釉彩：金棕色、绿色、黄色。
高 60 厘米，长 56 厘米

图 21

屋顶脊饰。

山墙端部冠饰。

一只神兽和站在一旁头戴尖顶帽子的男人。神兽的背上有一只老虎（或者一条小龙）。

多色釉彩：黄色、淡黄色、绿色、松绿色和深棕色。

长 67 厘米，高 43 厘米

图 22

屋顶脊饰。
公鸡（或者凰鸟）。
单色釉彩：绿色，
拱形底座内部深处涂冷红色。
高 35.5 厘米

图 22 展示的是一个鸟形脊饰。这里我们暂且不讨论图中的这个构件到底是凰鸟还是公鸡。公鸡也属于脊饰动物之列。公鸡在中国人眼中拥有重要地位,具有多重象征意义。公鸡代表着太阳,其鸡冠则代表太阳的光晕。公鸡也代表公正的法官,它本身还是邪恶力量来临时的预警者,它用自己的啼鸣声驱逐邪恶力量。此外,在中国人的想象中,早亡的男性会化作公鸡的形象回到世间,"他们要将生而为人时未用完的力量继续发挥出来,以慰藉活着的人"。这林林总总的解读,也解释了公鸡经常作为脊饰动物形象出现的原因:安置公鸡脊饰的房宅能够受到太阳的福泽,能够得到公正法官的庇佑,也可以受到先祖的保佑,而且公鸡的啼鸣可以辟邪除凶。

这种类型的脊饰最典型的使用方式是公鸡和骑行者一起出现,即如下页图 23 所展示的那样。这个骑行者是一名道家仙人,可以说是对庇护功能的进一步加强。这种外形的构件大概主要用作墙脊冠饰[1],并且出现的频率极高。在这里我们需要提及的是,有些人不承认这些构件中的禽类是公鸡,认为应是此前说到过的凰鸟。

如此说来,鸟类在屋顶脊饰中的代表只有滨鹬,如图 3(参见 22 页)所示。在中国,鸟的普遍性象征意义是预言长寿[2]。鸟类脊饰的形象被赋予的功能也应如此。不过关于滨鹬究竟被赋予了何种专门的功能,我们对此一无所知。

在鱼类中,据我们所知,唯有海豚居于屋顶脊饰形象之列。而且海豚出现的频率不低,还有各种变体形式。在济南府火神庙的钟楼顶上,我们可以看见很多海豚形象的脊饰(参见 9 页,图 2)。由于看到太阳从海面上升起,所以跟很多国家一样,中国人一般也认为鱼是新一轮太阳升起的使者,经常跃出水面的海豚自然被特别赋予了这样一个角色。中国人的解读是:每日早晨,海豚将头天晚上没入海中的太阳重新托起。此外,海豚还被赋予了另一项使命——"让逝去的国王、英雄、智者和先贤获得新生"。51 页的图 24

---

① 仙人骑鸡应为屋脊装饰,而非墙脊装饰,为忠实于原文,此处保留原文表述不变。
——译者注
② 作者笔下象征长寿的鸟应该是仙鹤。——译者注

图 23

墙脊冠饰。

仙人骑鸡（即凰鸟）。

多色釉彩：除了仙人面部和头发之外，其他全部是松蓝色，

面部为浅黄色，头发为深棕色，鸡冠黄色。

高 29.5 厘米

中呈现的海豚构件应出自明朝初期，它非常清晰地表现出海豚跃出水面的象征性意义。当然海豚构件的色彩也与其象征意义保持一致，要么通体是绿色或者黄色，要么结合使用这两种颜色。图 24 中的构件就是后一种情况，即兼有黄绿两种颜色。

在四蹄动物的脊饰中，除了已经提到过的龙犬之外，最重要的就是马。但是鉴于其具有特别的象征性意义，我们在后面的另一个关联语境中将会谈到马这个话题。除了马之外，我们见到的四蹄动物和哺乳动物脊饰只有兔子形象，且都是白色的兔子（图 25）。如果这个脊饰源自日本的话，那么其解读就非常简单了——在日本，皇后宝玺标识就是白色的兔子。但是我们所说的这个脊饰一定来自中国，因为兔子代表的意义不同。在中国，兔子是月亮的代表，尤其是白色的兔子。作为屋顶脊饰，它在夜间守护房宅，保其安宁。

除了龙犬，骑马的英雄也是脊饰中最常见的形象。这种脊饰在各种人物脊饰中占第一位。屋顶脊饰这一名称也是由此而来[1]。因为马是英雄的标志，而战斗英雄都是骑马的。英雄文化在中国是传播最广泛、植根最深的崇拜文化。英雄文化既是祖先文化的组成部分，又是其延伸，被给予最高荣誉的英雄自然是那些凭一己之力完成某项壮举，进而为人民福祉做出贡献的人。正是那些对祖先和领袖怀有敬畏之心的人们将他们奉上神坛。另外，中国不仅战争不断，而且还经常遭到周边部落的侵扰。于乱世中出现的拯救者们救民于水火，自然会被尊为英雄长存在百姓的记忆里。基于这些前提条件，除了龙和龙犬之外，确实再没有比英雄形象更好的护佑者了。因为在最危难的情况下，英雄们已经证实了自己是绝对可靠的。所以有英雄守护之处，人们就可以安静地、无忧无虑地生活。人们也特别喜欢将他们作为庇佑者和守卫者置于屋顶上。

---

[1] 屋顶脊饰在德语中被译为 Dachreiter。Dach 意为屋顶，Reiter 意为骑士、骑马者，二者结合在一起就是"骑坐于屋顶之上者"，也可译作"骑兽"。所以在此处作者又从屋顶脊饰的这一德语翻译出发，进行了望文生义式的解读，认为屋顶脊饰的名称就是由脊饰中骑马的人物形象这类构件得来的。作者所做的解读只可应用于德语中的 Dachreiter，但不可应用于中国文化中对于屋顶脊饰的称谓。 ——译者注

图 24

屋顶脊饰。
海豚，身下为海水纹饰。
双色釉彩：绿色和黄色。
高 30 厘米

图 25

屋顶脊饰。
蹲式兔子。
单色釉彩：白色。
砖瓦底座是灰绿色。
高 34 厘米

图 26

屋顶脊饰。
一个骑行者（可能是国王或者诸侯）骑在静立的马上，左臂抬起。
多色釉彩：黄色、绿色和深棕色。
马主要是黄色，骑马的人为绿色。
高 43 厘米

图 27

屋顶脊饰。

一个人骑在马背上,双手置于袖中,放在胸前,马匹处于静立不动的状态。

多色釉彩:骑马者的外衣是黄色的,马和骑马者的帽子是黑色的,骑马者的面部、马鬃毛和马尾巴是浅黄色的,马鞍褡裢是绿色的。

高 36 厘米

图 28

屋顶脊饰。
身穿铠甲的骑马者骑在静立的马上，右手扶腰，左手似乎是在拉着缰绳。
多色釉彩：骑马者和砖瓦底座是绿色的，骑马者面部呈肉色，马为金棕色，
骑马者的须髯、马鬃毛和马尾巴为黑色。
高 33.5 厘米

图 29

屋顶脊饰。
身穿铠甲的骑马者坐在马背上，左臂举起。
多色釉彩：骑马者的铠甲和砖瓦底座是绿色的，胸部、护腿、头盔上的
装饰以及马鞍褡裢和马的辔头是金棕色，马身为黑色。
高 31.5 厘米

图 30

屋顶脊饰。
骑马者坐在静立不动的马上。
多色釉彩：马身为黑色，鬃毛为黄色，骑马者的头盔和外衣以及筒瓦的
颜色为绿色。
高 38 厘米

图 31

屋顶脊饰。
在祥云之上，身穿铠甲的骑马者坐在静立的马上。
多色釉彩：除了骑马者的面部和胸部的铠甲是浅黄色之外，其他部分都
是绿色。
高 32 厘米

图 32

屋顶脊饰。
驭马奔驰的农夫（?）。
多色釉彩：骑马者的衣服和砖瓦底座是绿色的，面部为黄色，马为黑色。
高 35 厘米

图 33

屋顶脊饰。
驰骋于云端保持防御姿势的战士。
多色釉彩：金棕色、绿色、黄色和黑色。
高 42 厘米

图 34

屋脊兽。
受伤的骑马战士。
彩釉。高 32 厘米。
科隆东亚艺术博物馆收藏。
刊于步夏德：《中国雕像》（柏林,1923）

图 35

鞍马。
多色釉彩：深棕色陶器，釉色为绿色和棕色。
高 42 厘米。
柏林的汉斯·温德兰（Hans Wendland）博士拍摄。
刊于步夏德：《中国雕像》（柏林，1923）

　　根据英雄们所遭遇的不同危险情况，人们在不同脊饰中所展示的英雄形象也各异。有的英雄冷静沉着地坐在马背上，如一名专注的护卫者。这应该是最常见的英雄形象（参见53—58页，图26—31）。有的英雄骑在马背上疾驰冲锋，似乎在找寻暗藏的危险或者意欲抢先一步发起进攻。图31（参见58页）展示的就是这样的英雄形象，图中骑马者或许是一位农夫①。有的脊饰展示的是英雄与敌人交战的场景，图33（参见60页）展示英雄英勇地与敌人对抗，迎接敌人的攻击。更有甚者，有的构件表现的场景是英雄奋战到生命最后一刻、死时跌落马背的样子。科隆的东亚艺术博物馆里就有一个极好的例证可以证明这一点。上述这些是骑

---

① 作者并不确定此人物形象到底是否为农夫，从作者所列的关于图 32 的说明文字也可以看出，作者在"农夫"后面加了一个问号。——译者注

马英雄形象中最重要的几种类型。如果我们还能看到类似于图30（参见57页）所展示的颜色组合，即骑行者从头到脚都是绿色，而马通身呈黑色，那么就可以像下面这样解读该脊饰的意义：这位（绿衣）英雄驾驭座下的（黑）马骑行，可将恐惧和毁灭带到恶魔们中间去，能带来永久的太平。如果构件的色彩以纯黄色或者部分接近红色的黄色为主，如图32（参见59页）中的宝马，那么其所要表达的寓意也许是期望过上有权有势的幸福生活。

在诸多英雄中，有一位倍受尊崇，他就是关羽，也被称作关帝。据说这位英雄生活在公元3世纪。那时的中国在汉朝灭亡后形成了三国鼎立之势，战事连年不断。据称正是英雄关羽的英勇壮举，拯救中国于纷乱之中，使中国避免了走向没落的命运①。为了纪念关羽的英雄事迹，百姓将他尊为英雄之首，奉为战神，以各种方式纪念他的英雄行为。他出现在数以百计的诗歌、戏剧和小说中，出现在千千万万的图像和雕塑形象中（图36、图37）。如此一位让每一个自觉渺小、有被庇护需求的人都倍感崇敬的男性人物，被归入屋顶脊饰形象中，并成为其中最高级别的形象。这一点都不让人感到惊讶，而是合情合理的事情。关公被赋予的地位与龙的地位不相上下。大量的战神形象构件无论在形制上，还是在艺术表现方面，都可以媲美无比强大的龙形构件。从这一点也可以看出关公的地位之高。所以关公形象的脊饰堪称最具震撼力的屋顶脊饰之一。比如图38（参见67页）展示的人物构件，就是这样一个令人印象深刻的屋顶脊饰。图中关羽的右拳示威性地高高举起，意欲将敌人打倒。这一姿势在图39（参见68页）中又再次出现。图39与图41（参见70页）所展示的人物构件是中国战神雕像中最为经典的形象。尽管图40（参见69页）展示的人物构件不那么常见，但同样是具有里程碑意义的艺术表现形式。因为战神的雕像往往都是正面像，且一般是后背倚墙设计（如果需要将构件固定在某处，也经常是在后背上进行固定），所以关羽像通常会立于某种形式的龛盒中或者屋顶的檐角处。

---

① 作者表述有误。关羽是因为忠义而受到世人的信仰。——译者注

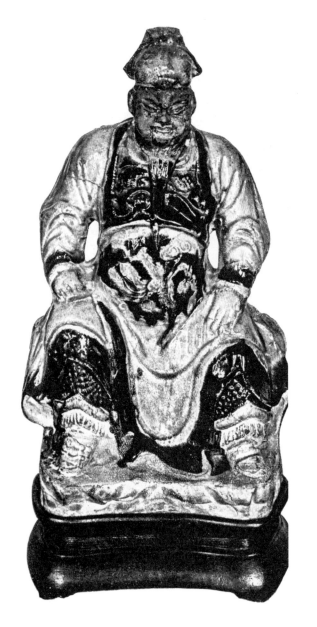

图 36

典型姿态的战神关羽。
表层灰黄色，质地较脆。
前身多色釉彩：松蓝色、茄皮紫和黄色，面部、双手和整个背部都没有施釉彩。
高 32 厘米（基座未计算在内）

图 37

寺庙里的人物。
战神关羽以典型姿态坐在台座上①。
深灰色的表层。面部和裸露在外的腹部未施釉彩，
其他部分为多色釉彩：松蓝色、茄皮紫和黄色。
高 21 厘米

———————

① 注根据图片判断，图中的人物形象并非作者所说的关羽。——译者注

图 38

屋顶冠饰。
威武的战神关羽右臂抬起，左臂叉腰，
身前的铠甲上是装饰性的龙头图案。
多色釉彩：红棕色、绿色和黄色。
高 60 厘米

图 39

屋顶冠饰。

两脚大开坐在祥云之上的战神关羽。这是关羽的典型姿态。右臂高高举起，呈战斗姿态，左手似乎正抓着一个恶鬼的脖子。关羽的左脚下面有一个人形（估计是一个被他降伏的恶魔）。右脚下面的第三个恶魔正试图站起身来。这个冠饰的正面运用了多种元素，背部没有构型也没有施釉彩，看起来应是倚靠着墙角或者墙面站着的。正面多色釉彩：面部和腰上的衣物是浅黄色的，铠甲是黄色的，其他都是绿色。高 45 厘米

图 40

墙脊冠饰。
坐着的战神双手放于膝上，身穿全套盔甲。铠甲的胸前有一个龙头。
多色釉彩：面部施深棕色釉彩，其他各处均为绿色。
高 46 厘米

图 41

屋顶冠饰。

战神胳膊弯曲下垂，双手放在腿上。这是十分典型的姿势。

多色釉彩：绿色、金棕色和深棕色。

高 36 厘米

此处要提及的是，没有骑行者而独立出现的马匹同样也经常出现在屋顶脊饰中。因为在那个时候战斗英雄都是骑马的，所以马匹也经常被视作英雄精神的一种体现。如此看来，人们借用马的形象，通过引申的意义向我们展示英雄事迹。很多特别的马匹形象应该都可以从这个视角去解读。比如图42（参见72页）所展示的这匹飞驰于云端的马就应该属于此列。图43（参见73页）展示的马非常有特色，这匹马的背上驮有几册圣典。而图44—45（参见74—75页）所示的呈蹲坐姿势的马匹①，对我们而言不仅非常特别，而且也非常有趣。没有比图45中后腿跪地、鬃毛向上竖起的马匹形象更有意思的了。当然，对于中国人来说，设计这样的形象并不是出于趣味性原因，而是因为这种蹲踞姿势可以将马匹处于戒备状态的行为特征表现出来——如果不用这种姿势就完全体现不出这种行为特征。如此塑造出来的马匹形象很像一只全神贯注、尽职尽责履行护卫义务的狗，二者在象征意义上的相似性非常明显。但是通常情况下，马是不会做出这种姿势的，所以有人提出争议，质疑这种艺术创作所表现的对象是否真的是马。有人认为这只是龙犬的又一个变体形式而已。不过我们不能认同这种观点，主要出于以下原因：一是它们缺少了龙犬典型的三分尾巴特征，二是在这些形象中马的各种特征都体现得非常明显，如鬃毛、头、脖子、马蹄等。

　　在人物脊饰中，除了英雄形象之外，姿态优雅地站立着、专心致志诵经的道士形象或者脚踏祥云的道家仙人形象也很常见。道家仙人手中所持的物件要么是玉板（Rangtafel，图49，参见79页），或是祈祷石（Gebetstein，图50，参见80页），要么是文书卷轴，或者某一个能显示其尊贵所在的物件。图48和图49就生动地展示了这样的道家仙人形象。中国的神话人物中有八仙。根据中国的习俗，八仙的形象总是一同出现在屋顶上。人们有时也会看到一位道士或者仙人站于或坐于龙背之上。这样的形象意味着道士或仙人位于云端。道士和仙人具有镇邪驱魔的护佑功能，这点自然毋庸置疑，因为这

① 根据图片判断，图44所示应是海马。 ——译者注

就是他们的职责所在。他们是友善的好神仙，也会请求其他的好神仙来帮忙。
所以这些道士形象或仙人形象的脊饰色彩主要是黄色和绿色。

图 42

屋顶脊饰。
腾云奔驰的马匹。
多色釉彩：黄色和绿色。
高 33 厘米

图 43

屋顶脊饰。
站立的马匹背上驮有几册圣典。
多色釉彩：黄色、棕色、绿色和黑色。
高 26 厘米

图 44

屋顶脊饰。
呈蹲坐姿势的马。
金黄色釉彩，只有眼球是黑色的。
高 29 厘米

图 45

屋顶脊饰。
呈蹲坐姿势的马。
这是所谓的蒙古矮马。
多色釉彩：马匹的颜色是红棕色，马鬃和马尾呈黑色，砖瓦底座是绿色的。
高 27 厘米

图 46

北京皇城内的屋脊兽。伊东忠太博士收藏。本图是屋脊兽的一种，推测可能以马为原型，用绿色琉璃瓦制作，姿态颇为灵巧。或许是清朝中期的作品。刊于大村西崖、关野贞、塚本靖：《中国建筑》（1928—1931）

图 47

屋顶脊饰构件。

双手合于胸前、手里拿着文书卷轴（？）的道士。

多色釉彩：面部和双手是浅黄色，外衣是黄色，衣领、袖口部分和鞋是深棕色的，砖瓦底座是绿色的⊖

① 图中人物手持的应为来通之类的物件，人物形象也并非作者认为的道家仙人形象。
——译者注

图 48

屋顶脊饰。

站在祥云上的道家仙人右手拿着一件标志性的法器，敞胸露腹。

多色釉彩：绿色、黄色、棕色和黑色。

高 38 厘米

图49

屋顶脊饰。

站在祥云上的道家仙人——曹国舅（Kuei）。

他是八仙之一，左手拿着玉板。

多色釉彩：绿色和黄棕色。

高38厘米

图 50

屋顶脊饰。
道士手中拿着祈祷石（Gebetstein）。
多色釉彩：绿色和黄色

图 51

屋顶脊饰。
一只在祥云上呈示威姿态的鬼。其上身赤裸，肩部裹着一条帔巾，帔巾在身前
打了个结。下身黑色裤子及膝，腰间系着一根腰带。腿上其他部分和双脚赤裸
着。大臂、手腕和脚踝处都带着结实的皮质（?）手环。
多色釉彩：绿色、黄色和黑色。
高 32 厘米

图 52

屋顶脊饰。

双手握拳、面部大幅前凸的鬼。形似火焰向上簇起的头发,在脑后形成了一种保护罩护住脖子和肩膀。脖子上围着一条帔巾。手腕上戴着皮环。上身赤裸。腰上和腹部围着一条下摆呈火焰形状的皮毛围裙。裤脚高高挽到膝盖处。脚上穿着皮鞋。

多色釉彩:绿色、黄色、棕色和黑色。

高 37 厘米

图 53

图 52 所示脊饰的侧面图

图 54

屋顶脊饰。
明朝早期的深棕色陶器。
多色釉彩：深绿和棕色。高 55 厘米。
慕尼黑的胡戈·迈尔（Hugo Meyl）拍摄。刊于步夏德：《中国雕像》（柏林，1923）

图 55

屋顶脊饰。
明朝早期的深棕色陶器。
多色釉彩：深绿和棕色。高 55 厘米。
慕尼黑的胡戈·迈尔（Hugo Meyl）拍摄。刊于步夏德：《中国雕像》（柏林, 1923）

至此，我们只剩下最后一类脊饰形象需要讨论了。这个类别就是"鬼"。将鬼的形象用于屋顶脊饰，乍一看着实令人震惊，但是在了解了中国人的宗教设想之后我们就不会这样认为了。在中国人的宗教设想中，鬼也被赋予了驱魔辟邪的护佑功能。在本书图片所呈现的例子中（参见81页，图51；82页，图52），鬼被赋予的护佑功能得到了强有力的体现。两张图片中的鬼都呈现出极尽威胁的姿态，它们怒目圆睁地看着四周。在他们面前，即便最凶恶的邪魔也不敢再有做坏事的想法了——中国人就是这样认为的。另外，将鬼的形象用于屋顶脊饰，还有一个非常特别的原因。观音菩萨，即慈悲菩萨，是人类最忠实最高贵的庇护者，但是我们从未见到观音菩萨形象的脊饰。同样，佛像也鲜有作为脊饰出现。据说在中国人的想象中，观音菩萨经常幻化为鬼的样子，以便于更有效地庇护凡人。所以，屋顶脊饰队伍中的鬼，在很大程度上是观音菩萨乔装幻化而成。如前面所言，观音菩萨是上天注定的人类保护神，所以观音菩萨才如此频繁地成为创作母题。这也解释了为什么中国人在鬼形象的创造方面富有如此特别的想象力。很多鬼的形象堪称同时代中国人最为大胆的创造。

　　在探讨各类屋顶脊饰象征性意义的结尾部分，我们还想再一次重复前面已经强调过的内容。即在屋顶脊饰中，很多构件的外形所蕴含的真正意义是我们完全不知道的。而且我们对于大多数脊饰的最终象征性意义的解读也存在不少缺陷。我们在书中所做的所有解读或许还不够完善。不过这个缺陷并不影响我们在本书开头所提到的主导思想，即正是脊饰的使用使得屋顶升级为最高等级的庇护象征。当然我们的主导思想更不会因为这个缺陷被推翻。

　　下面我们就来辩驳一下前面提到过的一个说法。这个说法认为脊饰只是安置在屋顶上的装饰性附件，并且认为脊饰所具有的象征性意义是人们在很久之后予以添加补充的。比如奥斯卡·明斯特贝尔格[①]就持有这样的观点。

---

① 奥斯卡·明斯特贝尔格（Oskar Münsterberg，1865—1920），德国汉学家、收藏家，著有《中国美术史》（全二册）。书中收录关于中国古代绘画、建筑、瓷器等的图片近1200幅，可谓"艺术大百科"。——译者注

他写道："象征性意义的解读是更晚些时候才得以补充进来的。最初的时候，不管是关于屋顶饰物的构想，还是使用海豚的外形，都完全是出于对外界（罗马）样本的模仿，并没有其他的任何动机和理由。"根据此前我们已经做出的解读，这里仅用一句话就可以推翻这个观点。即中国屋顶脊饰中各种各样的动物形象或人物形象，无论是在类型、外形构造，还是在颜色使用上，全部都和中国人宗教设想中的庇护理念密切相关。我们从来没有见过受其他因素支配的类型、外形和颜色，也从来没有遇到过没有意义的随性设计。这显然不是偶然所致，尤其是对一个事事都讲究寓意的民族来说。仅这个事实就足以驳倒前面的观点。人们在东亚国家遇见的任何一个事物，都必须首先考虑其象征意义，所以无论什么样的构形，都一定有其象征性意义。尤其在中国，一个构形本身绝对不会没有任何功能性因素，也就是说在中国永远都不能只从美学角度去评价一个构形。从这一点来说，欧洲文化圈显然要稍逊一筹。东亚想象产物的构形与其内涵之间的内在关联性正是中国屋顶脊饰具有非凡卓绝的文化价值的原因所在。

明 | 代
艺 | 术

如果想要全面了解明代以来的艺术及其本质,特别是在某一领域有深刻认识,那就必须将它们与之前的几大艺术阶段进行全方位比较。

单独来看,明代艺术这朵14世纪时重新绽放的中国艺术之花,就其特征可以做出如下结论:在很大程度上明代艺术还可以归入中国几个大的艺术阶段,尤其是在陶瓷领域。明代艺术仍旧保持了蓬勃的生命力,拥有惊人的创造力和几乎取之不竭的想象力。明代艺术中持续不断的象征性表述冲动,以及这种冲动造就的那些不断推陈出新的、总是充满活力的、滑稽怪异的外形便说明了这一点。屋顶脊饰所呈现的丰富外形世界是人们可以直接地、一目了然地去判断和验证的。明代艺术的另一个特征是高度的现实主义,并且是一种以粗犷和朴素的方式表达出来的现实主义。这两个特征强有力地证明了明代艺术的健康性及其源源不断的自然生命力。这一点在明代艺术的丰富色彩中也得到了证实,特别是陶瓷领域发展出的极为明显的多彩手法①。在明代之前的宋代,陶瓷的单色彩手法已经达到巅峰。彩色的创作手法是有其本土根基的。所有农家物件都是彩色的,虽然农家艺术也经常服务于其他用途,特别是与其原始根基相去甚远的用途,但其多彩特征依然保持不变。这里所说的其他用途也包括新贵和暴富户们意图通过嘶吼的表现方式吸引关注。这一点表现在色彩上就是多彩性。但是激发多彩性的力量源泉所具有的自然性并不会因为如此使用农家艺术而发生任何改变。

以上就是明代艺术的大致样貌,当然只是粗线条式的。我们是在查阅几乎所有文献资料后得出上述结论的,不过更具说服力的还是实例,可以参见图5、图6、图15、图17、图20、图24、图33、图38、图40、图41、图42、图45、图51、图52和图53所展示的构件。这些构件所彰显的力量、气魄、宏大和无尽的想象力正是具有强大生产力、充满无限活力的艺术才拥有的特点。很多构件的外形呈现出极为大胆的想象力,而且具有里程碑意义,比如图6(参见26页)中盛怒的龙、图20(参见45页)中面目可怖的神兽、

---

① 此处指彩瓷的出现。——译者注

图 38（参见 67 页）中神态坚毅的战神关羽以及图 51—53（参见 81—82 页）中两个莽撞的鬼等等。如果我们能够放下那种风行各处的关于东亚的偏见，那么上述这些构件无论在雕塑表现力还是雕塑价值上，都完全可以媲美欧洲哥特式大教堂建筑中的那些最为华丽、最为知名的滴水构件。由于通过欧洲这些享誉世界的艺术成就可以感知欧洲灵魂的深度，所以时至今日人们仍然深深为之折服，而中国的屋顶脊饰也是如此。

这里必须明确指出的是，资料显示在中国还存有数量巨大的屋顶脊饰，流入欧洲的物件只是其中极小的一部分而已。这一点已经得到熟谙中国情况的赴华旅行者的确认。而那些宏伟的大型构件应该从未流入欧洲，这可能是因为之前中国出口商们认为这些构件不值得花费高昂的出口运输费，而现在想要拆除它们非常麻烦。即便中国还没有真正的建筑文物保护意识，但却存在仇视外国人的情绪。如果外国人蓄意损毁寺庙（大型的屋顶脊饰大多安置于寺庙屋顶之上），就会激化这种仇外情绪，使矛盾一触即发。因而即便那些肆无忌惮地到处搜集中国艺术品的出口商，对此也是有所顾忌的。不过在其他很多的艺术领域也可以找到类似的证据，证明此前提到过的明代艺术所具有的核心特征。在这里，我们只说两点：其一是中国瓷器艺术的繁荣发展达到了欧洲从未有过的高度；其二就是明代建筑艺术经历了同样迅猛的发展。

但是如果将明代艺术和明代之前的几大艺术阶段进行比较——即汉代、唐代和宋代，并抛出这样的问题：明代艺术表现如何？较之前是实现了质的飞跃，还是仅仅保持了相同的水准，或者发生了倒退？可能会得到完全不同的结论。上述三个艺术阶段的突出特点，或者说这三个艺术阶段的共性，就是具有里程碑意义的、与线条的极简性相关联的现实主义。现实主义特征在

前两个阶段表现得尤为突出，并且在第二个阶段，即唐代达到了巅峰。上述三个艺术阶段的突出特点，或者说这三个艺术阶段的共性，就是具有里程碑意义的、与线条的极简性相关联的现实主义。现实主义特征在前两个阶段表现得尤为突出，并且在第二个阶段，即唐代达到了巅峰。

在唐代时，与这种极简线条相通的是最强烈的和最具吸引力的艺术表现力。只有在文化和与之相匹配的艺术发展至巅峰时，人们才能感知和领悟这最具吸引力的简洁。如此具有里程碑意义的简洁性，当然不再是明代艺术的核心了。

明代艺术的本质更多地表现为一种复杂性，在高度现实主义的外衣之下其烦冗明晰可辨。先前仅用一根线条即可表述的内容，在明代则需使用一打之多的线条，但后者所表述的内容并不比前者更多。明代艺术在外形和色彩上都显得烦躁不安，它很喧闹，而且表现得非常特别。总之，明代艺术与之前相比显得极不寻常①。人们给予巴洛克艺术极高的评价，在欧洲艺术圈，人们甚至可以认为巴洛克艺术比被高度追捧的文艺复兴艺术更具独特性。这样一个背离常规的反古典主义的现象倒很容易解释，但是中国艺术阶段的对比显然与之不同。明代虽然在艺术形式上花费了巨大的功夫，却无法达到唐代艺术的高度——用近乎原始、简朴的大线条所表述的内容，更别说超越了。如果以这种方式，即通过与汉代、唐代和宋代艺术比较的方式来评价明代艺术，那么的确不能认为明代艺术较之前实现了飞跃，也无法得出明代艺术是在令人骄傲的高度上继续前行的结论。如果是这样，人们必须承认明代艺术较之前发生了倒退，而且时间越靠后，这种倒退就越明显。尽管使用的还是那些传承下来的外形，但严谨性还是在一步一步地流失。尤其是 18 世纪时，即清朝乾隆年间，发生了向华丽风格的转变。毫无疑问它们转向了一种前所未闻的、令人费解的华丽，但这种华丽恰恰是导致原始力量最终消解的第一

---

① 作者此处所用的德语词汇"barock"意指极不寻常，因为德语中作为形容词的"barock"一词与名词"Barock"（巴洛克）同形，所以在下一句中作者借用巴洛克艺术在欧洲艺术史上的地位来类比中国明代艺术的发展。——译者注

个阶段，以至于到 19 世纪时所有的一切都退化成无聊的甜腻和媚俗。在雕像创作领域，明代之后没有再出现新的形式。和世界其他地方一样，在这里唯一占据主导地位的是不断的重复。

在 18 世纪末，中国精神文化领域曾经辉煌至极的创造力彻底熄灭了，所有的艺术领域都只剩下了图式框架。尽管这个图式框架在各个时期都蕴藏着高度的生命力，但这种生命力却是没有再生产能力的，它无法通过自身力量形成全新的、更为完善和更高级别的形式。这样一种状态只会是终结的状态，只意味着结束。

在这种毫无出路的衰败中，中国艺术的发展必然出现停滞。早在 13 世纪这种停滞就已经有迹可循。它是中国整体发展中的艺术反作用力，也是人类文化中最令人痛心的悲剧之一。中国文化曾经历了一个全盛时期，在人类各大民族所达到的最令人骄傲的艺术发展成就中，中国文化也曾跻身其中。但是在 14 世纪时中国文化逐渐陷入了停滞，最终完全僵化。一个民族的历史上发生了这样的文化悲剧，自然是有其历史原因，所以我们永远不能说，原本还应该存在其他的可能性。中国艺术的僵化是同样处于僵化状态的、没有出路的中国政治经济发展的必然结果。[①]在以家庭为单位的田园耕作基础上成长起来的小农经济体制，是没有发展前景的。中国文化若要向更高级的阶段发展，那么就需要中国的经济发展方式选择与更高的生产阶段相匹配的道路。但中国并没有发生这样的转变，这片土地上从来没有出现过更高级别的经济体制，所以这个国家的文化与艺术必然走向停滞和僵化。自 14 世纪之后，中国的经济体制、经济发展方式一直未发生根本性变化，只是在一些小的方面发生众多变化。根据史书记载，清军入关后，改变了当时的土地所有权，将许多房屋、土地强征后分配给来自其他地区的居民，特别是与他们结盟民族的居民。尽管发生了翻天覆地的变化，中国的经济体制却没有发生变化。

---

① 此为作者带有偏见的一家之言。此章作者的不少论述均有失偏颇，相信读者不难鉴别。——译者注

虽然所有者变了，但是并没有使中国的农民同土地分离，也没有产生封建的大地主阶层和贵族统治阶层。新的居民虽然取代了被驱逐或者被清洗的原始居民，占有了他们的耕地、住进他们的房屋，但他们仍然沿用原有的经济运作方式，并未开创、使用更高等级的经济运作方式。农耕种植方式在数百年的发展过程中肯定取得了非常显著的进步——农耕变得更为精细化，更好的耕作和施肥方法得到应用，一系列新的、当时尚不为人知的人工栽培的农作物从西亚传入中国。然而，当时中国的农耕经济依然保留了以家庭为单位进行运作的小农经济形式，并没有发展成为真正的大型农业经济，最终没有发展成商业经济。当然不可忽略的是，在这数百年间中国社会也产生了一系列重要的发明和创造。但即便如此也没有促进现有的生产方式发生根本性变化，仅仅引发了手工业规模的扩张，以及在家庭生产合作社中产生了更大的劳动分工。只是，这种劳动分工的基础还是旧的中国式大家庭。在这个大家庭中，父母、祖父母、已婚的儿子们、孙辈构成了一个独立的家庭联合会，一个独立的小型手工业生产共同体。明朝时，中国社会经济不仅没有形成农业商品经济，也没产生更高级的生产组织形式，同样也没有形成机器工业。尽管人们加深了对自然的认识，却没有发展形成自然科学。相关研究成果无法应用于经济生活——所有领域都是如此，这种状况始终没有得到改善。由于这一原因，各个不同领域的众多经验和知识从来都没有深化和升级为一门科学，因此所有的知识都仅仅停留在不会开花结果的表述层面。因而其历史的运动发展也只是纯粹的循环往复而已，并没有以螺旋上升的形式发展到更高的阶段。此外，尽管在明代时中国产生了一个富有的商人阶层，但是农耕在几百年的时间里一直保持着生产领域中最重要的地位。这使得中国的城市面貌在数百年间一直保持不变——大型村落和农耕城市。所以村落只会发展成为农耕城市，无法同作为生存根基的农业经济脱离开来，只能走向发展的终结。

　　元朝时，中国经济体制没有发生本质转变。由于游牧民族的生产方式不如中原地区先进，所以蒙古人的生产方式也不可能对汉族人产生革命性的影响。另外，蒙古人人数较少，对他们来说想要保持统治地位，就只能让自己适应更为优越的中原文化，除此之外别无选择。为了保证自己的统治地位，蒙古人也实行中央集权制度，但这也意味着必须在全国推行阻碍科学进步的官僚体系。1368 年，明朝推翻了元朝政权，中国社会进入一个新的盛世。但在明朝时中国同样没有形成占据主导地位的、更高级的经济发展形式。因为明朝对元朝的胜利，只是汉族对外来"蛮夷"的胜利，所以人们并没有在更高阶段的组织形式中去追寻未来的时代理想，而是在过去的历史中追寻时代理想，即唐朝和宋朝。在这种情况下，就像前面提到过的那些因素一样，明朝时期出现的文艺复兴并不是推陈出新，而只是给传统披上了一件崭新的外衣。

所有这一切共同决定了中国文化的命运，同时也决定了中国艺术的命运。此前曾是那样丰富和繁盛的想象力变成了精神上的困顿，图式框架取代了努力追求新目标的意志，僵化和守旧占据了创造力的位置。最重要的是中国文化没有形成个体性，也没有形成个体文化。而个体文化在人类发展的特定时期是不可或缺的一部分。个体性和大家庭在本质上是难以调和的，在大家庭中，年龄是唯一一个决定性因素。

如果将这一切进行简短的总结，那就是中国的经济体制在关键点上被证实不能发展成为更高级的生产方式，这就是导致中国文化和艺术产生巨大悲剧的根源所在。如果经济形式不向上发展，那么所有的一切都会向下坠落。而这样的衰退趋势是不可阻挡的。正是这股力量曾将中国文化推上巅峰，而且是推向了绝对的巅峰，现在这股力量却将其带入了坟墓。如果考虑到这一点，那么中国的文化悲剧就更加巨大了。一旦葬身于坟墓中，此前的各种文化形式便再也无法复兴。以这种方式扯断的发展主线再也无法重新连接，也无法形成全新的更高级的形式。因为中国的发展逻辑遭到了破坏，所以它不得不带着倔强走向文化死亡。质疑这个逻辑的人对于文化关联性肯定一窍不通。

有关近代中国艺术的缺陷就说这么多，当然这是将其与中国之前的几大艺术阶段相比较而言。但是评判的公正性要求我们不能只赞美最高等级的力量，所以在这里我们也得明确地指出明代艺术中真切存在的有益资产。另外，14—18 世纪艺术探索取得的积极成就也并非微不足道，相反它们在各个方面都应得到高度的关注，就像我们在本节开头所说的那样。在本节结尾，我们只想再次强调这个时期最重要的艺术资产，那就是在明代达到鼎盛的艺术行业。这个行业的发展足以保证明代在中国所有的朝代中可以占有重要一席。艺术行业在明代绽放出美丽的花朵，其用之不竭的福泽使得其他文明世界不断地结出硕果，并使其陶醉其中。

我们记起宝贵的石雕奇迹——无可比拟的水晶雕刻和玉雕工艺——我们记起景泰蓝的神奇，记起玻璃加工的奇迹，记起纺织和刺绣的精美与华丽，以及艺术行业中最高贵的王冠——瓷器向高贵白瓷的发展之路。陶瓷的所有追求在白瓷中达到了顶点。白瓷既是这些追求的最宝贵的解决方案，同时也是它们所达到的最高成就。此时，中国在瓷器制造方面达到了完美的境界，而我们都知道欧洲从未达到这样的高度，这一点我们在前面也已经提到过。在艺术成就上，中国不仅有唐代具有里程碑地位的墓葬艺术、宋代独一无二的容器陶瓷技艺，还有明代的制陶艺术。明代陶艺在屋顶脊饰中也取得了具有里程碑意义的成就。

如此看来，不管在陶瓷工艺技术方面，还是在饱含宗教象征意义的雕塑艺术方面，屋顶脊饰都达到了巅峰。这显然是突如其来的毁灭之前的最后一个巅峰，也让我们清晰地感觉到这个民族身上所蕴藏的丰富创造力。因为中国屋顶脊饰的终极荣誉在于，它是一种纯粹的民间艺术，而且是一种无名的民间艺术。没有任何一本英雄史册会记载屋顶脊饰的创造者们。

屋顶 | 脊饰

的陶瓷技术

中国的屋顶脊饰是用陶土烧制
而成、施釉彩的雕像制品。它们中的
大多数，即小型或者中型的构件，大
多会被置于筒瓦上，也就是在我们德
国所称的"凸瓦"（参见 32 页，图
8）等。用作屋脊冠饰或者山墙端部
冠饰的较大型构件要么建在一个四
边形基座上——这种基座可以将脊
饰牢牢地固定在屋顶上（参见 26 页，
图 6；45 页，图 20；46 页，图 21），
要么直接用作山墙的连接件，即如图
5（参见 25 页）中的龙所示。屋顶脊
饰所用陶土的颜色有淡黄色、深暗的
砖红色，偶尔也会出现更深的、接近
棕色的颜色。烧成的陶土瓦件质地坚
硬，用刀也无法划出印痕或者刮破其
表层。也就是说，中国顶瓦的质地比
欧洲顶瓦坚硬得多。中国顶瓦之所
以如此坚硬，主要取决于中国的气候
条件。就像我们在前面提到过的那样，
在中国连日暴风骤雨是很典型的天
气现象。中国很早就发明了釉面顶瓦，
这是一种必然，这同样也是中国独特

的气候条件决定的。中国的暴风雨天气，不仅对屋顶抵御风雨的能力提出了更高的要求，而且要求屋顶的所有组成部分也必须同样具有极强的抵抗能力。釉面瓦片比无釉瓦片的防水性能强得多，因为釉面瓦片是绝对不吸水的，而无釉瓦片则完全没有这样的防水性能。中国在制造顶瓦方面的技艺达到了极高的水准，这使得中国在长达数百年的时间里一直是东亚唯一的顶瓦供应国。日本很多著名的寺庙和建筑所使用的瓦片来自中国，甚至秘鲁的部分顶瓦也是由中国供应的，尽管秘鲁自身的陶瓷制造业已达到极高水平。

毫无疑问，前期粗加工的屋顶脊饰是用模具制造的，不过这只是针对尺寸较小和外形构造比较简单的构件而言。而这些构件中的绝大多数，甚至说全部，都需要后期的手工再加工，即用刀和塑模板进行后期加工。从各式各样的锋棱，部分交叉、部分深凹进去的装饰中，都可以看出明显的后期手工加工的痕迹。那些安置于正脊或者山墙上的大型脊饰构件则完全是手工制作的，如图6和图20所示。就像大家所说的那样，这些大型构件完全是"出自手腕"①，尽管它们也是依据特定的样品或者模板制作的。手工制作的构件辨识度非常高，在细节上很容易辨认出来，也容易追踪。在那些大型的上乘构件上，手工压捏的痕迹清晰可辨。我们可以非常清楚地确定，大量的线条和构形是直接在训练有素的大拇指的压力下，或者在大胆使用的刮板下形成的。这些手工功夫使屋顶脊饰的文化价值得到了极大的提升。正因为如此，屋顶脊饰也成为展现文化高度的无可辩驳的证明。这种文化高度必然是让人无比惊叹的，因为成千上万名最普通的制陶工匠轻而易举就能塑造出这些无论在技术上还是艺术上都同样优秀的形象。即便我们知道，这些构件是依据某个特定的图式框架加工而成的，但也丝毫不影响我们为它们达到的文化高度而惊叹。因为这些大型构件已经可以脱离其他构件，作为独立的艺术品自由存在。所有这些家伙都是"活的"，它们身上没有任何一部分是空洞的，框架图式从来没有消灭掉它们的生命力。

---

① 原文"Aus dem Gelenk"为俗语，字面意思是出自手腕，引申为轻而易举、易如反掌。——译者注

就像在前面的章节中已经提到过的，所有的屋顶脊饰都是施过釉彩的——单色釉彩或者多色釉彩。我们一次都没有碰到过施无色釉料的屋顶脊饰。因为屋顶脊饰被赋予的庇护功能，就像前文所描述的那样（参见18—20页），专门的颜色对于屋顶脊饰来说具有非常重要的作用，所以没有颜色的屋顶脊饰也是不符合逻辑的。与前面所说的色彩的重要性相对应，在单色釉彩的屋顶脊饰中，黄色和绿色构件的数量是最多的。它们寓意为权力和财富保驾护航，同时也护佑太平安宁。在多色釉彩构件中，具有庇护意义的多种颜色以彼此结合的方式出现，但是占据主导地位的颜色依然是黄色和绿色。

具有高度耐受能力的釉层——一层薄薄的铅釉——在各个细节方面都展示出令人惊叹的完美性。这让我们一再记起中国制陶工匠们制作大型物品的传统。如果要做出绝对公正的评判，那就不得不说，与宋代独一无二的容器类陶瓷技术相比，屋顶脊饰的陶瓷工艺可以说是非常简单的。相比之下，在给屋顶脊饰施釉彩的工艺流程中，所要完成的大多都是较为基础性的工作。然而即便屋顶脊饰的上釉技术较中国陶瓷艺术的最高成就相对简单，但是那些较大尺寸的陶土雕像制品依然让我们感到无比震撼。这些陶土雕像是整体烧制而成，堪称最高等级的艺术成就。很大一部分屋顶脊饰都是这样的较大尺寸的陶土雕像，尤其在面积很大的寺庙屋顶上面经常出现。直到很久之后，欧洲的陶瓷业才取得这样的成就，而且也只是在为数不多的艺术单品上达到了这样的水准，或者说只有那些集所有技艺于一身的珍品才展现出了这样的水平。大约25年前，天赋极高的德国动物雕像创作艺术家埃米尔·波特那（Emil Pottner）直接用纯手工制作，并采用整体烧制的方式塑造出了大型的陶土雕像。这是近年来欧洲第一位敢于挑战此类技艺的陶瓷艺术家。波特那也是第一位能在技艺上媲美古代中国人的欧洲艺术家。

为了使本书所描述的陶瓷材料更为完整，我们补充了图58—65（参见101—108页）所示的一系列物件。它们不但在所使用的原材料和功能上极为相似，而且在制造技术上也极为相似，甚至完全相同。所以它们虽不一定是全部，但至少大部分出自同一位工匠之手。比如图56—58（参见99—101页）中的屋顶脊饰绝对是完全相同的技术制作的。图59（参见102页）所

图 56

寺庙里的烛台（薰炉）。
陶质基座上站着一只龙犬，龙犬身边站着一位道人（Priester）。
多色釉彩：绿色和黄色。
高 22.5 厘米

图 57

寺庙里的烛台（薰炉）。
龙犬站立在陶质基座上。
多色釉彩：黄色、绿色、棕色和浅黄色。
高 12.5 厘米

展示的龙犬，无论在外形上还是在技术上都是极为常见的类型。这个龙犬在制造技术上与屋顶脊饰的区别在于，它非常薄且质地较脆。这样它就没有了屋顶脊饰所具有的粗犷效果，而给人以极为华贵的瓷器制品的印象。图36—37（参见65—66页）、图61—65（参见104—108页）中的物件同样也给人以类似的印象。相反，图58中的狗则呈现出完全不同的艺术特性。它的材料烧制得坚硬得多，因而就产生了一种类似石制品的特质，同时通过其淡青色的釉层获得了一些类似瓷器的特征。最后提到的这些物件中，尤其是图65（参见108页）所示的端庄慈祥的观音菩萨，它的尺寸一定比大多数的屋顶脊饰更大。而相对于那些看起来总是有些粗糙的脊饰而言，这些物件线条更为柔和。

图58

头枕。趴着的神兽。
多色釉彩：神兽背上用于枕头颈的叶片状部分是绿色的，
其余都是黄色的。
长31厘米

图 59

寺庙里的烛台。

龙犬蹲坐于基座之上，象征着镇邪驱魔，其左蹄下压着的便是一个恶魔①。

外表呈棕色，质地较脆。

多色釉彩：黄色、红棕色和深棕色，主体颜色是黄色。

高 24 厘米

① 根据图片判断该神兽左蹄之下应是一只小狮子，而非恶魔。——译者注

图 60

蹲踞式的狗，尾巴后部分成两个部分。
这是猎狗，就是我们所说的猎鸟犬（Hühnerhund）。
烧制成玉石质地的陶制品。
多色釉彩：松蓝色、蓝色和黄色。
高 14.5 厘米

图 61

寺庙里的人物构件。
布袋和尚（弥勒佛）坐在一把王座形状的高背椅上，身旁围着六个孩童。
深灰色表层。头部以及裸露的前胸和腹部未施釉彩，
其他部分都是多色釉彩：松蓝、黄色和茄皮紫。
高 25.5 厘米

图 62

寺庙里的人物构件。
坐着的道士，双手相叠放于胸前。
表层为淡灰色，面部和双手未施釉彩，
其他部分都是多色釉彩：黄色、黑色和绿色，主体颜色是黄色。
高 16.5 厘米

图 63

寺庙里的人物构件。
呈坐姿的观音菩萨右手抱着一个童子（象征母爱的庇护），左手
捏一枝莲花。灰色表层质地坚硬，面部、双手和双脚未施釉彩，
其余部分都为多色釉彩：绿色、黄色和深棕色，主体颜色是绿色。
高 30 厘米

图 64

寺庙里的人物构件。
坐在岩石上的菩萨。
表层为深灰色，面部、上身和双臂未施釉彩，其余部分都是多色
釉彩：松蓝、茄皮紫和黄色。
高 22 厘米

图 65

寺庙里的人物构件。
呈坐姿的观音菩萨膝上坐着一个童子（象征母爱的庇护）。
质地轻巧且较脆的外表层，面部、双手和双脚未施釉彩，
其余部分都是多色釉彩：灰色、绿色、铁锈棕色和茄皮紫。
釉层比较斑驳

确 定
制 造
时 间
和
地 点

关于陶瓷脊饰开始出现的时间存在各种各样的猜测，但迄今为止并没有一个可靠的说法。从早先的报告中我们知道，在很早的时候人们就用铜质的龙形构件装饰屋顶，所以我们可以认为陶瓷脊饰应该是后来从这种铜质龙形装饰中发展出来的，其出现时间可能是在明朝初期。之所以推断出这个时间点，是因为到现在为止，还没有发现早于明朝初期的屋顶脊饰。另一方面，假使烧制出来的质地坚硬的陶瓷在明朝初期之前就已经存在，但是现在却完全找不到任何实物证据，这几乎是不可能的。因为众所周知，比明朝早几百年的宋朝时期还有大量的陶瓷制品流传至今，并且这些宋代的陶瓷并不是以残片的形式流传下来的，而是成百上千的完好无损地保存至今。所以从这一点上来说，明朝初期之前曾经存在过陶瓷脊饰，但是后来却消失得无影无踪，这显然是不可能的。但是在屋顶上使用象征庇护意义的构件作为装饰一事，则能够追溯到非常早的时候。这一点从一系列刻印文字和龙形标志的汉代砖瓦便可知道，就像图4（参见24页）所示。这种装饰性的砖瓦应该就是后来陶瓷脊饰的雏形。或许是因为铜的价格过高，人们为了寻找廉价的替代品而产生的解决方法。需要注意的是，我们同样不能认同早在木瓦屋顶向砖瓦屋顶转变的时期，即公元前4世纪左右，就已经出现了屋顶脊饰。我们之所以不认同这种说法，是因为在留存下来的汉朝屋顶的图片中，没有发现任何可以被解读为屋顶脊饰的兽形或人物形状的装饰性构件。出于同样的原因，我们对认为屋顶脊饰的出现与釉面砖瓦的发明是同一时期，即在3世纪至4世纪的说法也是存疑的。相反，南京那座竣工于1431年的大瓷塔很可能已经使用了脊饰。在彩色陶瓷制品中，这座塔堪称最高的成就之一。不过这座塔并非像其名字所说的那样由瓷器制成，而是由釉面砖①和陶瓷面砖建造而成——以前所有的此类陶瓷物件在中国都被称为瓷器。②

因为目前尚没有发现任何更早期的陶瓷脊饰，所以要在大体上确定各个屋顶脊饰出现的大致时间并不困难。因为明代造型中的那种稚拙或者粗犷的

---

① 琉璃瓦。——译者注
② 作者所说的大瓷塔实际名为琉璃塔。——译者注

特征已消散殆尽,进而向巴洛克过渡,并从那时起发生了华丽的转向,这是非常明显的。并且这种变化是全方位的,是完完全全的变化。所以我们只需经过粗浅的学习,就可以判断出某个特定的外形到底是来自明朝早期还是明朝晚期,或者是来自乾隆时期,甚至是更晚的 19 世纪。也就是说,如果只是涉及大致的粗线条的时间范围,稍经训练的人很容易就可以判断出各种屋顶脊饰类型大概出自哪个时代。至于人们尝试确定其发源时间的那些脊饰,真正的制造时间是否与其外形所属时间完全一致,则又是另外一个问题了。也就是说,这个问题在于这些构件是否确实是在其外形所显示的那个时期生产出来的。比如,一个在外形上具有明朝初期时那种强劲有力的线条特征的脊饰,是否确实是在 14 世纪时就已经被用于装饰屋顶?尽管我们可以这样认为,但却并没有能够证明这一观点的证据。并且在中国绝大部分外在造型都会变成传统,从而长久流传。鉴于这一事实,即便某一脊饰确实来自一个有据可查的明代建筑,但这一点依然不足以证明该脊饰早在这个建筑初建时就已经作为装饰物置于屋顶之上。因为所有那个时代的老旧屋顶在之后几百年的时间里,都曾经历过数次修缮与翻新,那些因暴风雨和恶劣的天气损毁的屋顶脊饰同样会更新,而且数百年中用于替换的脊饰一直都保持同样的风格。另外,陶瓷技术的变迁比艺术外形所发生的变化还要少,并且某些方面压根儿就没有发生任何变化,所以这一点也没有给我们提供任何可以更加精确地确定时间的依据。

至于脊饰的产地,我们的认识同样非常欠缺。如同我们在上一章节已经强调过的,不同脊饰使用的陶土颜色并不完全相同,从淡黄色到几近棕色的瓦红色都有。从这些颜色中我们显然可以发现它们可能产自不同的地区。另外,同样可以确定的是,最晚在明朝的时候中国已经存在多个大型的瓷窑。它们分布在全国各地,我们已知晓几个重要的陶窑中心——江西景德镇、北京近郊的琉璃渠、山东临清、江苏苏州、武清县①（有可能跟琉璃渠是同一个地方）。

① 从注音（wuts'ing-hien）看此地可能是如今天津的武清区。从文中也可看出作者对于该地名是存疑的。——译者注

在这些产地中，我们知道苏州是中国历史最悠久的制陶城市之一，苏州既为北京的皇宫提供砖瓦，也给前面提到过的南京大瓷塔供应砖瓦。但是我们在这方面的认识也就仅限于此了。所以要想在这方面掌握更多的知识，那么未来还有大量的工作有待完成：确认所有可能存在的瓷窑的名单，当然这个数量一定是很大的；要确定可用于辨识屋顶脊饰生产地的各种技术特征。所使用的陶土在这些方面应该能够起到非常重要的作用。

收 | 藏
———— ————
  |
  的
———— ————
际 | 遇

相比于第一次世界大战之前，今天"中国收藏"在欧洲各地已经变得越来越困难，所需花费也更高。任何熟悉欧洲艺术市场的专家都不会否认这一点。这是由多种原因造成的。其中，影响最大的是第一次世界大战期间，一批人大发战争横财，使得各国收藏者的数量和收藏的规模都有了大幅度的增长。在战争之前，一个收藏领域中往往只有几十名专业的收藏者，而今天一个领域则可达到数百位之多。此外，东亚尤其是中国，在过去的十年中日益进入大众收藏视野，加上在这些地区能找到最上乘的藏品，这就使中国主题收藏需求成几何倍数增长，不单藏品变得奇货可居，藏品的价格也有了大幅的增长。有人说"中国收藏"的价格如今已经涨到战争前的二至三倍，这一点儿也不夸张。不过商人们听到这样的说法肯定会表示反对，说这只是一部分商品的情况。这确实是部分商品的情况，因为更多的藏品价格较战前不只是涨了二倍或者三倍，而是高达四倍甚至六倍。

与藏品短缺以及整个国际市场上的中国藏品价格上涨的情况一样，德国市场的情况同样如此，甚至更加严重。因为德国还存在一系列其他情况，这些情况导致德国市场上的藏品变得奇货可居。我们都知道，德国自从 1914 年 7 月起几乎与国际市场完全隔绝了，因而在中国主题收藏方面也就只能依赖之前已经进入德国的那些东西。在过去的五年中，尽管不少商人搜集了一些藏品，并以各种各样的名义（比如"将遗留在中国的德国私有财产运送回国"，这仅仅是德国商人的众多花样之一），成功地将一些珍贵的中国藏品运入德国，并投放到市场上。但是与战前各大中国商品进口商运入德国的藏品相比，简直就是九牛一毛。如果有人说，战前运入德国的基本都是劣质出口产品，只是在某些特殊情况下会有一件半件的珍贵藏品误打误撞地混入其中，那么这位一定是有意或者无意地歪曲事实。战前不计其数的好物件来到德国，其中很大一部分是最上乘的藏品，这一点并不难证明。现在德国的中国主题藏品市场不仅受制于过去十年德国与国际市场的完全隔绝，而且由于日本人疯狂涌入，导致 1919 年时德国市场上的珍稀东亚艺术品几乎被抢购一空。长达数周乃至数月之久，日本收藏者和大宗藏品收购商们跑遍了一个又一个城市，奔走于各家商店之间。我们要知道，日本也是第一次世界大战的最大受益国之一，还是在这一背景下，日本在东亚艺术领域成了除美国之外的最大收藏者，虽然他们曾经以惊人的姿态大肆向全世界抛售本国和中国的珍品。继1919年的日本收购者之后，1920—1923年通货膨胀时期的德国"实物价值攫取者"（Sachwert-Erfasser）出现。这些德国新贵们想要将他们毫不费力就赚到手的万亿纸币变成有保值能力的资产，此外他们也想通过这些收藏来掩盖其暴富阶层的面目，营造自己具有高雅品位的假象。因为这些"实物价值攫取者"的存在，在那恐怖的三年时间里，只要有一个好物件投放到德国市场上，就会被立刻抢走，而且是不计代价地抢走。除了贵族地产、老旧银器、老家具之外，收藏"大家"最喜欢的就是中国主题藏品，因为这是潮流。此外，好的中国主题藏品在国际市场上是最具保值能力的实物资产，这已经是一个公开的秘密。因此在所有这些因素的共同作用之下，多年来中国主题藏品尤为紧缺，并且在德国的价格也比其他任何地方都要高。

具体到屋顶脊饰，普遍存在的收藏热还没有明显影响到这个领域，对该领域影响更大的反而是进口困难的问题。因为屋顶脊饰大多是体积较大的和"较为重要"的构件，所以运输这样的构件无论在任何时候都是非常困难的。在进口变得日益困难的时期，鉴于其可能带来的风险，人们更加不愿意去做这种事情。将一个装有小件中国商品的箱子运入德国则简单多了，而且相比之下能赚到的收益也更多。所以目前德国市场上几乎没有脊饰交易。如果抛开这一点，收藏屋顶脊饰还是值得推荐的。等到时局有所缓和，从中国进口商品恢复正常的时候，它们将会重新出现在市场上。因为在中国国内，这个领域也早已不像之前那样被忽视了，所以可供出口的脊饰数量依然很大，收藏界对于屋顶脊饰的需求在今后相当长的时间里还是能够得到满足的。自然，那些来自明朝早期的屋顶脊饰肯定很快会变得非常稀缺，但是它们也不会完全消失不见。在这个领域，地下依然还会出土大量的宝藏。这里所说的地下并不是指坟墓，而是掩埋地下几百年的城市废墟。如果能够系统地梳理一遍中国的文物出土情况，那么就会发现大量的此类物品，无疑这将是收藏者的福音。

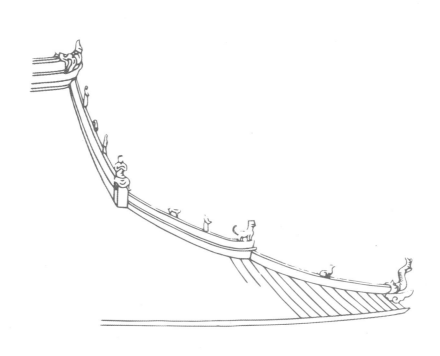

赝 品

根据我们目前的经验，屋顶脊饰领域应该是没有赝品的。我们还未发现一件出于盈利目的仿造出来的现代构件。但我们确实遇到过很多晚期的屋顶脊饰。不过这并不奇怪，因为中国一直有将脊饰作为庇佑的象征物置于屋顶之上，尤其是安置在寺庙屋顶上的习俗。我们也经常看到，商人们不遗余力地把那些更晚时期的屋顶脊饰当作明代的物件兜售。通常情况下，谨慎的收藏者通过仔细检查是可以避免陷入这种诡计之中的。做到这一点并不是很困难，因为晚期脊饰那种极不寻常的外形直到 17 世纪末才发展形成。所以这样的构件肯定不是明代的脊饰。这里还要指出的是越晚期的构件色彩也越丰富。但是也不能就将所有的单色釉彩构件都归为早期屋顶脊饰，因为很多单色屋顶脊饰出现的时间也比较晚。如果一个构件的外形确实是明代的，并且很明显就是老物件的话，那么需要注意的就是另一个问题了。我们在上一个章节里讨论过这个问题，即其制造时间是否确实是明代，或者只是一件晚期的复制品。

　　这个问题非常复杂，甚至可以说是一个无解的问题。依据构件的使用痕迹、残留的泥瓦基座、固定构件的方式（老的构件都是安置于一根栓柱上，栓柱则立在位于筒瓦下方的一根管子里），可以判断其制造的大致年代。但至于所涉构件到底是产生于两百年前，还是已经有了四五百年的历史，这类问题在所有此类物件上都是很难确定的。只有两百年历史的残留基座和已经历经四百年风雨的基座看上去并没有什么差别。另外还要注意的是使用痕迹同样也不能确定构件存在的时间。一个脊饰立于屋顶上的时间是已经长达三四百年了，还是只有一百年到一百五十年，仅凭使用痕迹根本无法确定。如果谁否认这一点，那他就过高地估计了自己的天赋。遗憾的是，决定时间差别的主要在于该物件是明代的构件，还是只有一二百年历史的复制品。不过我们也只能被迫接受这种相对无解的困惑，并且自我满足于一个事实——那就是无论如何买到手的显然都是老物件，而且在艺术风格和样式方面都是上乘的。依据艺术风格和样式做出准确判断，自然需要非常敏锐的判断力，也就是人们通常所说的那种"指尖的感觉"。这里还有两点也必须要说明。

第一点，老的屋顶脊饰主要是那些产自明代的构件，肯定都是有使用痕迹的。那些没有明显痕迹表明其曾经被砌于屋顶上的老构件是不存在的。拥有古老的外形却没有使用痕迹、看起来很新鲜的脊饰，肯定是近期的仿制品。绝不可以自欺欺人或者轻信别人的说辞，认为有一些中国宫殿或者寺庙的仓库里还堆放着所谓的制造于明代，但一直没有使用过的备用件。第二点，刚好与第一点相反，但也同样重要。在中国，很多古老的屋顶脊饰是修补过的，其中部分脊饰的修补非常精妙，以至于必须要有十分敏锐的观察能力，才能发现修补的痕迹。自从屋顶脊饰变成了受重视的交易物件之后，下大功夫修补有破损的构件，并尽力隐藏修补的痕迹，就成了有利可图的事情。不管是中国还是欧洲，稍大一些的城市里都有那种具有"大师级"工艺水平的"医院"。但是很遗憾人们经常不得不容忍这些修补痕迹，因为只购买未破损构件的建议恰恰和那种让人们不必太关注完好性的建议一样，往往都是很愚蠢的。要在一个毫无破损的构件和一个修补过的构件之间做出选择，倘若二者在艺术品质上完全相同，那么如果这时候为了省钱而选择修补过的构件，无论如何都不是明智之举。但是如果仅仅因为修补过的原因而放弃一个尤为罕见的或者独具特色的构件，同样也不是聪明的决定。

此处仅举一个非常典型的例子：雅典卫城著名的山墙浮雕在发掘的时候是一片废墟。当然，有能力识别精心修补的痕迹，对任何一位收藏者都是极为重要的。因为修补得再精巧的构件也永远不能跟完好无损的构件卖同样的价钱。而且出于另一个原因这种能力也同样极为重要：如果不想遭遇宿命式的惊吓，那么修补过的构件必须放置在绝对干燥的环境里。这是因为修补构件的时候经常会用到石膏。而我们都知道，石膏只要吸收了一点儿水汽，那就终有一天会溶解成糊状物，即便这个过程是缓慢的。另外修补过的构件在触碰时也要特别小心，因为石膏并不像烧制的陶瓷那么坚硬。

公共收藏

——私人收藏

——和——

的屋顶脊饰

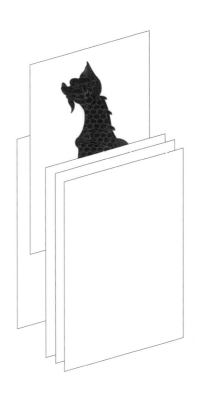

我们在前言里曾经说过，屋顶脊饰在文化和艺术研究领域是一个被完全忽略的继子。搜遍德国一众艺术博物馆，搜遍德国所有的民族志类收藏，尤其是东亚收藏，都找不到一个规模稍大的屋顶脊饰收藏。这一事实有力地证明了我们的上述观点——没有任何一处艺术博物馆曾经系统性地收藏过屋顶脊饰。在个别情况下，有可能会在某个公共收藏中发现一两件屋顶脊饰（比如在德累斯顿瓷器博物馆内），但是通常都是意外混入其中的。唯一一个特例是阿道尔夫·费舍尔教授创建的科隆东亚艺术博物馆，在那里可以看到约半打之多的屋顶脊饰和同类的山墙顶部的脊饰。这位功绩卓著的收藏家在以中国屋顶构造为主题的展厅中给屋顶脊饰留出了一个显眼的位置。由此可见，费舍尔教授懂得屋顶脊饰所具有的与屋顶密不可分的功能。

迄今为止，1923 年夏季在法兰克福举办的"中国陶瓷"展览会是唯一一次在德国公共场合展出数量较大的屋顶脊饰。展览会上展出的屋顶脊饰共有22 件。我们被告知这些展品绝大多数来自法兰克福的私人收藏。这个情况证明，屋顶脊饰收藏领域与博物馆收藏领域的其他方面一样，私人收藏者才是真正的发掘者和开拓者。即便我们并不知道是否还有其他更大规模的德国私人收藏，但是我们可以确定在整个德国分散着几十位私人收藏家，他们手中都拥有为数众多的屋顶脊饰。这些私人收藏家的人数或许比想象的还要多。根据我们所掌握的一家柏林公司的图片资料来看，仅该公司在 1913 年就从中国进口了 50 多件屋顶脊饰。该公司负责人告诉我们："这些大多都被私人客户买走了。"法国的情况跟德国类似，英国和美国的情况也许要好一点儿。但是即便在英美两国，数量最多、质量最上乘的屋顶脊饰似乎也掌握在私人收藏家手中。不过，我们是不太可能从这些国家获得确切的数据的。

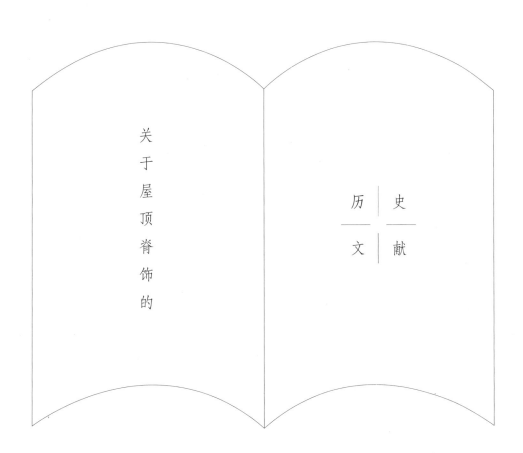

关于屋顶脊饰的

历 | 史
—— | ——
文 | 献

迄今为止，艺术研究领域的官方代表们对中国屋顶脊饰毫不掩饰的忽视，自然也在文献领域产生了影响。就像我们在前言中已经说过的，迄今为止没有哪个国家以任何一种语言曾经出版过专门研究中国屋顶脊饰的著作，连一本都没有。而且我们曾经寻找过专门研究中国屋顶脊饰的文章，同样也是一无所获。我们唯一找到的，只是一些简短的、泛泛而谈的说明性文字，偶尔也会发现几幅脊饰的图片，不过数量很少。

我们从中找到的关于屋顶脊饰的说明性文字和零散的相关图片的书籍名称如下：

路德维希·巴赫霍夫：《中国艺术》（布雷斯劳,1923）【Ludwig Bach-hofer,*Chinesische Kunst*（Breslau,1923）】。60页文字和20幅图片，没有关于屋顶脊饰的图片。

步夏德：《中国雕像》（柏林,1923）【Otto Burchard, *Chinesische Kle-inplastik*（Berlin,1923）】。10页文字和大约60幅图片，其中4张为屋顶脊饰图片——一张是科隆东亚艺术博物馆展品原件的照片，另外3张翻拍自商人所拍照片。

阿道尔夫·费舍尔：《科隆东亚艺术博物馆导游手册》（科隆,1913）【Adolf Fischer,*Führerdurchdas Museumfür Ostasiatische Kunstder Stadt Köln*（Köln,1913）】。有大量图片，但没有任何关于屋顶脊饰的图片。

恩斯特·福尔曼：《宗教中的动物》（慕尼黑,1922）【Ernst Fuhrmnn, *Das Tierinder Religion*（München,1922）】。79页文字和98幅图片，没有任何关于屋顶脊饰的图片。

恩斯特·格罗瑟：《东亚水墨画》（柏林,1923）【Ernst Große, *Die Ostasi-atische Tuschmalerei*（Berlin,1923）】。51 页文字和 160 幅图片，没有关于屋顶脊饰的图片。

贝恩德·梅尔彻斯：《中国寺庙建筑研考》（哈根,1921）【Bernd Melc-hers, *China, der Tempelbau*（Hagen,1921）】。47 页文字和多幅图片，有多幅关于寺庙屋顶的照片。

奥托·明斯特伯格：《中国艺术史》（艾斯灵根,1910）【Otto Münster-berg, *Chinesische Kunstgeschichte*（Eßlingen,1910）】。2 册，分别是 350 页文字，大约 15 个插页和 321 幅图片；500 页文字以及 23 个插页和 675 幅图片，有几幅关于汉朝砖瓦的小幅图片【转引自 B. 劳佛尔（B.Laufer）】。

奥斯卡·吕克尔－埃姆登：《中国早期陶瓷》（莱比锡,1923）【Oskar Rücker Embden, *Chinesische Frühkeramik*（Leipzig,1923）】。174 页文字（文字页包含 42 幅插图）和 47 幅图片，没有关于屋顶脊饰的图片。①

罗伯特·施密特：《中国陶瓷》，法兰克福展览目录（法兰克福,1923）【Robert Schmidt, *Chinesische Keramik, Katalog der Ausstellung in Frankfurt*（Frankfurt,1923）】。15 页文字和大量图片附件，有 6 幅关于屋顶脊饰的图片，但是图片很小。

---

① 42 幅是在文字部分插入的图片；47 页是单独出现的大幅图片。——译者注

恩斯特·齐默尔曼：《中国陶瓷》（莱比锡，1923）【Ernst Zimmermann,*Chin-esisches Porzellan*（Leipzig,1923）】。2 册，408 页文字和 161 幅图片，有 1 幅关于屋顶脊饰的图片，是德累斯顿瓷器收藏中的一个展品原件的照片。

英语出版物列举如下：

B. 劳佛尔：《汉代陶器》（莱登，1909）【B.Laufer,*Chinese Pottery of the Han Dynasty*（Leiden,1909）】。

R.L. 霍布森：《中国陶瓷》（伦敦，1915）【R.L.Hobson,*Chinese Pottery and Porcelain*（London,1915）】。有关于屋顶脊饰的图片。

B. 劳佛尔：《汉代陶器》（莱登，1919）【B.Laufer,*Chinese Pottery of the Han Dynasty*（Leiden,1919）】。包括一些关于汉代砖瓦的图片。

「 附 录 一 」

脊 | 兽 [1]

---

[1] 节选自《西洋镜:中国建筑陶艺》。本书是中国建筑摄影鼻祖恩斯特·伯施曼1902—1904年、1906—1909年两次中国建筑考察之旅的成果之一,初版于1927年,是西方汉学界和建筑学界系统研究中国建筑陶艺——尤其是琉璃等构件——的开山之作。——编者注

「北京、山东和四川的屋顶装饰」

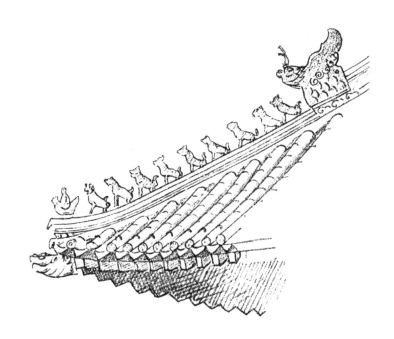

图 66　　山东曲阜孔庙主殿屋脊上的套兽、骑凤仙人、走兽、垂兽

图 67

山东曲阜孔庙主殿屋脊上的吻兽

图 68

四川嘉定府屋脊飞檐上的人像

图 69

四川嘉定府屋脊飞檐上的人像

图 70　北京屋脊上的骑凤仙人像

「绿琉璃脊兽」

　　图 71 和图 72 中的脊兽于 1907 年产自北京西山的琉璃局，现藏于西普鲁士的马林贝格陶塑收藏馆。瓦上站立的四只脊兽长 24 厘米，宽 16 厘米，高 39 厘米；两个骑凤仙人长 16 厘米，宽 8 厘米，高 22 厘米。脊兽都是神兽，多以犬、猴、马和龙为原型。我们将这几件近期的作品和早期的作品从造型和布局的角度进行对比，可以看出，虽然它们模仿了早期的作品，但其造型及写意手法的表现力却毫不逊色。这一特点一直保留到清朝末年。

图 71　　两个骑凤仙人

图72　四只脊兽

「脊兽——骑马的雷神」

图中的雷神头戴火焰冠，嘴唇紧闭，身后有一对翅膀，手里拿着宝葫芦，骑着一匹独角马（形似瞡疏①），踏在瓦片制成的云彩之上。此脊兽用釉陶制成，马后蹄至马前嘴长 32 厘米，很可能是明代的作品，高 35 厘米。现藏于柏林民族博物馆。

图 73　脊兽——骑马的雷神

___

① guàn shū，中国古代神话传说中的神兽，一角马，辟火神兽。——译者注

「**彩色琉璃狮子**」

该狮子 1907 年由北京琉璃局烧造，
现藏于西普鲁士马林贝格陶塑收藏馆中。
长 26 厘米，高 22 厘米。
颜色以紫色、绿色为主。

图 74　彩色琉璃狮子

「山西平阳府尧帝庙屋顶脊兽」

这两只脊兽的制造时间在 1600 年左右。

屋顶正脊末端是一头狮子，身体大部分为黄色；

垂脊末端则是一头象，通体白色。

图 75　山西平阳府尧帝庙屋顶的脊兽

「古老的黄白琉璃雕龙砖」

在图 76 所示的雕龙砖中，四只龙爪牢牢嵌在基座表面装饰性的云朵上，动感十足。用作基座的砖为白色和浅绿色琉璃，砖底凿空，长 62 厘米，厚 19 厘米；龙嘴到龙尾长 92 厘米，高 65 厘米。现藏于柏林民族博物馆。插图中的照片角度有些倾斜。其制作时间是 1800 年左右。它与前面爱德华·福克斯彩色插图（图 6，26 页）非常相似。书中提到，龙尾上刻有一字表明其属东南方位。对此我们只能这么理解：这只龙吻位于朝向东南方向的垂脊的末端。此类龙形脊饰就像是从空中飞来落在屋脊上一般，其外形慢慢变得细长，用铜打造而成。避暑山庄内的主建筑就是如此。但它最初的原型，应该产于明代，甚至可能是宋代。

图 76　　古老的黄白琉璃雕龙砖

「两只琉璃脊兽」

图 77 和图 78 所示的两只琉璃脊兽均藏于慕尼黑民族博物馆。图 77 中是拿着风口袋的风婆，图 78 是拿着鼓、锤子和凿子的雷公，它们都是自然之神。

图 77

骑着麒麟的风神

二者均长40厘米,高35厘米,骑着麒麟掠过水面。主体颜色为绿色、黄色,只有少部分——如麒麟角、牙齿、鼻孔及胸前的飘带——为白色。应是明代的产物。

图 78

骑着麒麟的雷公

「骑马的道教仙人」

　　图中所示的道教仙人神情淡然自若，长耳，有三缕胡须，身着中国传统罩衫；马儿套着缰绳，踏着云朵温顺地前行。这是一件极佳的明代作品，既表现出创造者的内心世界又体现了道教精神。我们可以把这个人像看作老子，想象传说中老子最后骑牛出关遇到戍边人的情景。因此人们将老子称作青牛翁。这件脊饰高 48 厘米，长 35 厘米，底部砖宽 15 厘米。以绿黄釉为主，并加了少许白色。现藏于慕尼黑民族学博物馆。

图 79　　骑马的道教仙人

「骑着白象的普贤菩萨」

普贤菩萨是四川省的圣山峨眉山的守护神,坐骑为一头白象。图中,菩萨面部、身体和象为白色,顶冠、衣衫为黄色,袖子却为绿色,下部的屋瓦为绿色和黄色。陶塑高 39 厘米,长 28 厘米,砖的直径为 12 厘米,建造年代为 1700 年前后。这一组合流露出宁静淡泊的气息,符合康熙时期的风格。现藏于慕尼黑民族学博物馆。

图 80 骑着白象的普贤菩萨正面

图 81 骑着白象的普贤菩萨侧面

「 附 录 二 」

屋　顶

及

屋｜顶

装｜饰①

---

①节选自即将出版的《东洋镜：中国建筑装饰》。本书是最早论述中国建筑装饰的著作之一，初版于 1941 年。作者伊东忠太是日本著名建筑史学家、近代日本建筑学科的创始者。一生致力日本传统建筑以及亚洲建筑的研究，曾经十余次来中国调查，其研究对梁思成等中国学者产生了极大的影响。——编者注

「北京、浙江和上海的走兽」

走兽又名"嘲风"，在日语中则被称为"鬼龙子"，是一种排列在建筑檐角部分的动物形装饰物。这种装饰的具体意义仍有待考证，但笔者认为，走兽也许与陵墓中的石兽雕像有着异曲同工之妙，其数目的多少代表着建筑的等级。瀛台蓬莱阁上鳞次栉比的走兽（图82）是最为标准的一例，最前方是一尊骑凤仙人像，其后跟随着三只端坐的动物像。据说骑凤仙人像的原型是周敬王，但真假不详，尚需考证。图83中走兽的形制与图82的完全相同。法雨寺大圆通殿的檐角上（图84）没有安置骑凤仙人像，而是直接排列了七座造型各异的动物像。龙华寺大雄宝殿上的走兽（图85）十分特殊，建造者首先在屋脊上安置了几座看上去好似争斗一般的人像，其后在檐角上立了几尊小巧精致的动物像。笔者认为，这种走兽更适合放置在戏台一类建筑的屋顶。

图82　北京西苑瀛台蓬莱阁的走兽

图 83　　北京万寿山某建筑的走兽

图 84　　浙江普陀山法雨寺大圆通殿的走兽

图 85　　上海龙华寺大雄宝殿的走兽

「悬山顶或硬山顶式建筑上的走兽」

　　本图版收录了几例悬山顶或硬山顶式建筑上的走兽。在这两类建筑中，人们通常会先在垂脊上设置一尊垂兽，再于垂兽前方排列数座走兽。图86—88均为奉天故宫中的走兽，造型尚可，并无特别之处。图89走兽均直立于屋檐之上并仰天长啸，造型相当罕见。

图 86　沈阳故宫右翊门的走兽

图 87

沈阳故宫清宁宫的走兽

图 88

沈阳故宫永福宫的走兽

图 89

吉林敦化关帝庙的走兽

「紫禁城太和殿下檐垂脊上的走兽」

　　图 90 为紫禁城太和殿下檐垂脊上的走兽，最前方是一尊骑凤仙人像，其
后排列着九座动物像以及一座酷似人形的怪物像。图 91—96 是紫禁城乾清
门戗脊上的走兽，除最前方的骑凤仙人像之外，另有五座动物像。笔者将其
中五座动物像单独列出，以飨读者。

图 90

北京紫禁城太和殿的走兽

图91　北京紫禁城乾清门的走兽

图92

北京紫禁城乾清门走兽的详细图
——龙

图93

北京紫禁城乾清门走兽的详细图
——凤

图 94

北京紫禁城乾清门走兽的详细图
——狮子

图 95

北京紫禁城乾清门走兽的详细图
——海马

图 96

北京紫禁城乾清门走兽的详细图
——天马

「奉天故宫文德坊的走兽」

沈阳故宫文德坊的垂脊前端（图 97）安置了一座垂兽，垂兽前方放置着两尊走兽。图 98—99 是普遍使用于中国南方建筑中的装饰手法，即在垂脊或戗脊上放满了动物像、人像等的各种走兽。然而每座走兽的摆放位置毫无规则，手法如同儿戏。图 100 的排列手法与图 97 大致相同，不过做工有些粗糙。

图 97

沈阳故宫文德坊的走兽

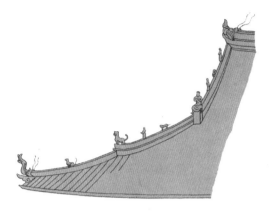

图 98

广东广州光孝寺祝圣殿的走兽

图 99

广东南海玄妙观的走兽

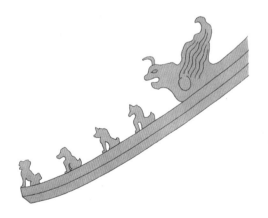

图 100

北京牛街清真寺大殿的走兽

「北京白云观山门的走兽」

图101为北京白云观山门戗脊上的走兽，韶州府学宫东庑殿上（图102）仅立有一座走兽，手法极其罕见。云南楚雄民家的屋脊上的走兽（图103）造型简朴美观。图104为辽阳白塔上的垂兽，造型简单，但略显粗笨。

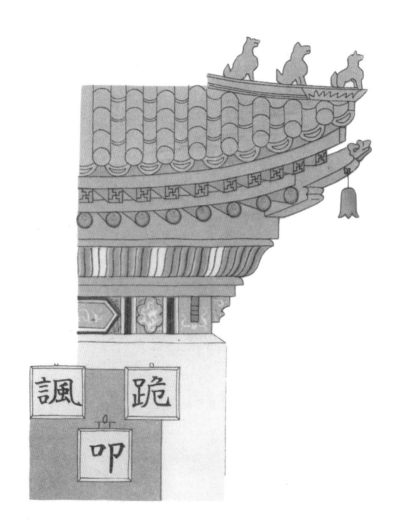

图101 北京白云观山门的走兽

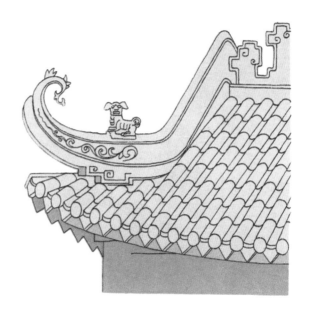

广东曲江韶州府学宫东庑殿的走兽

图 102

图 103

云南楚雄民宅的走兽

图 104

辽宁辽阳广佑寺砖塔的垂兽

「**法雨寺大圆通殿的走兽**」

　　下图为端坐在法雨寺大圆通殿檐角上的三只走兽，其中最前方的是一只鸟形怪物。中国南方的走兽造型五花八门，独创性强，观赏性佳。但正因为如此，笔者无法得知这些走兽的原型究竟是哪些动物，这一点十分遗憾。

图 105

浙江普陀山法雨寺大圆通殿檐角上的走兽

图 106

浙江普陀山法雨寺大圆通殿的走兽——最前面一只

图 107

浙江普陀山法雨寺大圆通殿檐角上的走兽——中间一只

图 108

浙江普陀山法雨寺大圆通殿檐角上的走兽——最后面一只

「绿色或黄色琉璃瓦的走兽」

下面的四座走兽均由绿色或黄色的琉璃瓦所打造。这四只走兽具体是哪种动物还有待考证。就笔者看来图109为天马,图110—111是麒麟①,图112为狮子。这些走兽中,造型美观大方的几例为明代遗物,而雕饰繁杂的几例则为清代遗物。

图 109　北京紫禁城的天马

---

① 图 110—111 应该是獬豸。——译者注

图 110

北京紫禁城的麒麟

图 111

麒麟。济南的鹤屋先生藏

图 112

狮子。大村西崖藏

「绿色或黄色琉璃瓦的走兽」

图中为龙华寺三山门垂脊上的一座"钓鱼的老者"装饰。由于造型十分罕见，故收录于此。

图 113

上海龙华寺三山门的垂脊装饰

「 附 录 三 」

屋 | 顶
装 | 饰

图 114

济南府火神庙。[德] 贝恩德·梅尔彻斯拍摄于 1916—1919 年

图 115

济南府火神庙钟楼上层的右侧。[德] 贝恩德·梅尔彻斯拍摄于 1916—1919 年

四川万县汉桓侯祠，张飞庙戏台。

[德] 恩斯特·伯施曼 拍摄于 1902—1909 年

图 116

图 117

广东广州药神庙屋顶的二龙戏珠。
[德] 恩斯特·伯施曼拍摄于 1902—1909 年

图 118

陕西庙台子一座亭子顶部的装饰带。
[德]恩斯特·伯施曼·拍摄于 1902—1909 年

图 119

陕西西安府北边陶质屋顶上的装饰。烧制于 1908 年。
[德] 恩斯特·伯施曼拍摄于 1902—1909 年

图 120

热河须弥福寿之庙一座正脊上的装饰带。
脊饰为雄鹿、雌鹿与宝珠，装饰带由黄色与绿色的琉璃陶组成。
四座亭子中的另一座则以雌雄孔雀与宝珠为脊饰。
[德] 恩斯特·伯施曼拍摄于 1902—1909 年

图 121

浙江宁波府福建会馆饰以灰塑与熟铁造型的正脊装饰。
[德] 恩斯特·伯施曼拍摄于 1902—1909 年

图 122 颐和园万寿山铜亭。[英]唐纳德·曼尼拍摄于 1920 年前

图 123　镇江孔庙大门。[英]托马斯·阿罗姆绘制于 1843 年

「本系列已出版图书」

「丛书主编」

赵省伟："西洋镜""东洋镜""遗失在西方的中国史"系列丛书主编。厦门大学历史系毕业，自 2011 年起专注于中国历史影像的收藏和出版，藏有海量中国主题的法国、德国报纸和书籍。

「本书译者」

周海霞：北京外国语大学德语学院教授，主要研究领域为中德跨文化交流，出版有《德国媒体中的中国社会形象与文化形象建构》（2018）等。

西洋镜 Mook

扫码关注
获取更多新书信息